Bavaneethan Yokananth
Seevaratnam Vasantharuba

Wpływ różnych metod przetwarzania

Bavaneethan Yokananth
Seevaratnam Vasantharuba

Wpływ różnych metod przetwarzania

w sprawie zawartości skrobi odpornej

Wydawnictwo Bezkresy Wiedzy

Imprint
Any brand names and product names mentioned in this book are subject to trademark, brand or patent protection and are trademarks or registered trademarks of their respective holders. The use of brand names, product names, common names, trade names, product descriptions etc. even without a particular marking in this work is in no way to be construed to mean that such names may be regarded as unrestricted in respect of trademark and brand protection legislation and could thus be used by anyone.

Cover image: www.ingimage.com

This book is a translation from the original published under ISBN 978-3-330-33467-0.

Publisher:
Wydawnictwo Bezkresy Wiedzy
is a trademark of
Dodo Books Indian Ocean Ltd., member of the OmniScriptum S.R.L Publishing group
str. A.Russo 15, of. 61, Chisinau-2068, Republic of Moldova Europe
Printed at: see last page
ISBN: 978-620-0-81554-5

Wpływ różnych metod przetwarzania na zawartość skrobi odpornej w wybranych bulwach.

Y.Bavaneethan1, S.Vasantharuba1, S.Balakumar2 i K.Thayananthan2

1Departament Chemii Rolniczej, Wydział Rolnictwa, Uniwersytet w Jaffnie. Sri Lanka.

Wydział Biochemii 2D, Wydział Medyczny, Uniwersytet w Jaffnie. Sri Lanka.

ABSTRACT

Wytrzymała skrobia (RS) jest silną odżywką dla naszego organizmu i ma wiele korzyści dla zdrowia. Celem niniejszej pracy jest ocena wpływu różnych metod przetwarzania na zawartość skrobi opornej w wybranych bulwach powszechnie spożywanych w Jaffnie. Do badań wybrano trzy bulwy: ziemniaka (*Solanum tuberosum), manioku* (*Manihot esculenta)* i pochrzynu słoniowego (*Amorphophallus paeoniifolius).* Bulwy te zostały poddane różnym procesom obróbki termicznej, takim jak obróbka konwencjonalna lub normalna, gotowanie pod ciśnieniem, na parze i w kuchence mikrofalowej oraz oszacowano i porównano ich zawartość skrobi odpornej z bulwami surowymi. Wpływ różnych czasów obróbki (15, 20 i 30 minut) na zawartość skrobi odpornej w powyższych bulwach oszacowano również dla gotowania konwencjonalnego. Przetworzone bulwy były przechowywane w różnych warunkach: 4OC przez 1 godzinę, 4OC przez 24 godziny, 20OC przez 1 godzinę i 20OC przez 24 godziny oraz mierzono zmiany w zawartości skrobi odpornej. Zmierzono wpływ oddziaływania jonów na zawartość skrobi odpornej, dodając sól do konwencjonalnie przetworzonych bulw. Średnia zawartość RS surowych ziemniaków, manioku i pochrzynu słoniowego wynosiła odpowiednio 26,05 (±0,18), 12,64 (±0,76) i 26,66 (±0,53) g/100 g suchej próby. We wszystkich przetworzonych bulwach obniżono zawartość RS w porównaniu z odpowiednimi bulwami surowymi. Ziemniaki gotowane na parze (7,94 (±0,30)), pochrzyn słoniowy (7,44 (±0,39)) i maniok gotowany w kuchence mikrofalowej (5,95 (±0,01)) uzyskały wyższą średnią zawartość RS w porównaniu z innymi metodami przetwarzania. Zawartość RS we wszystkich bulwach zmniejszała się istotnie wraz ze wzrostem czasu przetwarzania. Wyższy poziom RS uzyskano we wszystkich bulwach w czasie 15 min. przetwarzania w porównaniu z dłuższym czasem przetwarzania. Zawartość RS we wszystkich bulwach poddanych obróbce termicznej była zwiększona po różnych zabiegach chłodzenia. Chłodzenie 4OC przez 24 godziny wykazywało najwyższą zawartość RS dla ziemniaka (9,76(±0,26)) i pochrzynu słoniowego (9,84(±0,58)) w porównaniu z innymi zabiegami. Natomiast chłodzenie 20OC przez 24 godziny wykazywało najwyższą zawartość RS dla manioku (6,78 (±0,71)). Nie ma istotnych różnic w zawartości RS we wszystkich bulwach gotowanych z solą i bez soli. Wskazuje to na wpływ oddziaływania jonów nie zaobserwowano we wszystkich bulwach. Na podstawie wyników powyższych metod przetwarzania, jako dobre źródło odpornej skrobi wśród wybranych bulw można wykorzystać gotowany na parze batat słoniowy i ziemniak przez 15 minut czasu przetwarzania i przechowywany w stanie schłodzonym w 4OC przez 24 godziny.

Słowa kluczowe: Bulwy, odporna skrobia.

SPIS TREŚCI

ROZDZIAŁ 1

1 WPROWADZENIE

Żywność funkcjonalna to żywność, która zapewnia korzyści zdrowotne wykraczające poza podstawowe żywienie. Zazwyczaj zawierają one pewne fizjologicznie czynne składniki, które mogły być manipulowane lub modyfikowane w celu zwiększenia ich aktywności biologicznej, lub też nie. Żywność ta może pomagać w zapobieganiu chorobom, zmniejszać ryzyko rozwoju chorób lub poprawiać stan zdrowia (Hasler i Brown, 2009). W ostatnim czasie, gdy konsumenci coraz bardziej interesują się osiągnięciem i utrzymaniem dobrego stanu zdrowia, wzrosła uwaga poświęcana żywności funkcjonalnej.

Resistant Starch (RS) należy do związków bioaktywnych, które cieszą się zainteresowaniem konsumentów, zwłaszcza tych, którzy są narażeni na cukrzycę i inne choroby z nią związane. RS, z definicji, jest frakcją skrobi, która nie jest rozkładana przez enzymy w jelicie cienkim. Następnie dostaje się ona do jelita grubego, gdzie staje się substratem do fermentacji bakteryjnej, w wyniku której powstają krótkołańcuchowe kwasy tłuszczowe (SCFA). (Elmsthl, 2002). RS opiera się trawieniu i przechodzi do jelita grubego, gdzie działa jak błonnik pokarmowy. Spożywanie opornych skrobi może poprawić metabolizm glukozy i lipidów oraz zmniejszyć ryzyko wystąpienia wyżej wymienionych zaburzeń. Ponieważ pokarmy bogate w RS powoli uwalniają glukozę i obniżają odpowiedź insulinową, prowadzi to do większego dostępu i wykorzystania zmagazynowanego tłuszczu. Zwiększa również sytość, hamuje generowanie sygnałów głodu, co prowadzi do zmniejszenia spożycia pokarmu. Warunki te pomogłyby nie tylko w leczeniu schorzeń klinicznych, takich jak cukrzyca i upośledzona tolerancja glukozy, ale także ewentualnie w leczeniu otyłości i kontroli wagi (Goddard *i in*., 1984).

Resistant (RS) jest silną odżywką dla naszego organizmu. Kiedy RS jest dodawany do żywności, może zwiększyć zawartość błonnika bez wpływu na teksturę i smak, a także zwiększyć sytość i zmniejszyć głód wraz ze zmianą wydzielania hormonów związanych z trawieniem żywności (Slavin, 2005). RS obniża zawartość kalorii w żywności, gdy jest stosowany do zastąpienia mąki. Dostarcza pomiędzy 2-3 kilokalorie/gram a 4 kilokalorie/gram (Aust, 2001). Jest cennym narzędziem dla twórców żywności niskokalorycznej. RS może pomóc w zwiększeniu utleniania tłuszczu po posiłku, prowadzi do zmniejszenia jego odkładania. Możliwe działanie metaboliczne opornej skrobi, która może wpływać na masę ciała (Higgins *i in.*, 2004). Zachęca do wzrostu zdrowych bakterii w jelicie i zniechęca do wzrostu potencjalnie szkodliwych bakterii i dlatego nazywany jest "włóknem prebiotycznym" (White *et al.*,1998). Ponieważ dieta suplementowana RS może znacząco zwiększyć populację bakterii *Lactobacillus*, *Bifidobacteria*, *Staphylococci* i *Streptococci*, i działać jako substrat dla wzrostu mikroorganizmów probiotycznych, zmniejszyć populację *Enterobacteria* i zmienić metabolizm enzymów mikrobiologicznych w okrężnicy (Perera *i in*., 2010). Fermentacja naturalnej, odpornej skrobi powoduje obniżenie pH jelita i produkcję potencjalnie szkodliwych wtórnych kwasów żółciowych, amoniaku i fenoli (Whitehead i in., 1986).

RS prawdopodobnie jest podstawową częścią naszej diety od lat i ma kilka korzyści, dlatego wszyscy ludzie powinni mieć dostęp do jego korzyści i powinni wiedzieć o bogatych w RS materiałach spożywczych, które są dostępne lokalnie. Żywność bogata w

RS obejmują owies, płatki pszenne dmuchane, surowe banany, niektóre rośliny strączkowe, gotowane i chłodzone ziemniaki i ignamy, gotowany i chłodzony ryż, gotowane plantain, zboża ryżowe, jęczmień i proso (Berry, 1986).

Ziemniak, pochrzyn słoniowy i maniok są najpopularniejszymi bulwami spożywanymi przez ludność Jaffna. Bulwy te mogą być spożywane przez cały rok. Ziemniak jest czwartą co do ważności rośliną spożywczą na świecie, po kukurydzy, pszenicy i ryżu. Ziemniak jest głównie importowany z Indii, Pakistanu i Bangladeszu do Sri Lanki. Cassava jest szóstą co do ważności rośliną uprawną (po pszenicy, ryżu, kukurydzy, ziemniaku i jęczmieniu) na świecie. Przyczynia się ona konsekwentnie do bezpieczeństwa żywnościowego, ponieważ jej dojrzałe korzenie jadalne mogą być przechowywane w ziemi nawet przez trzy lata. Pochrzyn słoniowy jest opłacalną i zyskowną rośliną bulwiastą. Dojrzała bulwa jadalna może być przechowywana przez długi czas. Uprawa jest bogata w odporną skrobię, łatwa w uprawie, wysoka wydajność, mniej szkodników i chorób. Stanowi dobre źródło fitoestrogenów i jest skutecznym zamiennikiem uzupełniającym w stosunku do konwencjonalnych hormonów, a więc w przypadku objawów związanych z menopauzą i przewlekłymi chorobami zwyrodnieniowymi u kobiet.

Techniki przetwarzania mogą wpływać zarówno na procesy żelatynizacji, jak i retrogradacji, wpływając na powstawanie RS. Fakt ten ma duże znaczenie dla przemysłu spożywczego, ponieważ daje możliwość zwiększenia zawartości RS w przetworzonej żywności i produktach spożywczych. Wiadomo, że pieczenie, produkcja makaronów, wytłaczanie, autoklawowanie itp. mają wpływ na zawartość RS w produktach spożywczych (Siljestrom *i in.*, 1989). Zwiększenie poziomu RS może nastąpić w innych warunkach, takich jak wytłaczanie, a następnie chłodzenie w celu wywołania krystalizacji (Haralampu, 2000).

Skrobie oporowe są wrażliwe na różne procesy obróbki cieplnej (gotowanie, pieczenie) stosowane w przetwórstwie żywności, które mogą powodować zmiany oporności (Gelencsér, 2009). Obróbka cieplna skrobi w różnym stopniu prowadzi do powstania skrobi odpornej. Wytrzymałą skrobię można uzyskać poprzez gotowanie skrobi powyżej temperatury żelatynizacji i jednoczesne suszenie na podgrzanych rolkach, takich jak suszarki bębnowe lub nawet wytłaczarki.

Żelatynizacja granulek skrobi poprzez obróbkę cieplną silnie wpływa na ich podatność na hydrolizę enzymatyczną. W środowisku o wysokiej wilgotności, amylaza wymywa się z granulek, zwiększając rozpuszczalność skrobi, a tym samym jej podatność (Holm *i in.*,1988). Jednak zmiana warunków technologicznych może poprawić zawartość RS. Możliwe jest zwiększenie poziomu RS3 w próbkach skrobi poddanych obróbce cieplnej w wyniku retrogradacji w przypadku przechowywania i zamrożenia (Gelencsér, 2009). Chłodzenie żywności skrobiowej, która została podgrzana, może prowadzić do tworzenia się kryształów odpornych na trawienie. Ten rodzaj skrobi zmiękczonej znajduje się w żywności takiej jak płatki kukurydziane lub sałatka ziemniaczana (Englyst *i in.*, 1990).

Zawartość skrobi odpornej różni się w zależności od sposobu przetwarzania produktów spożywczych, takiego jak obróbka termiczna, czas przetwarzania, chłodzenie (przechowywanie w temperaturze 20oC przez 1 godzinę i 24 godziny) i chłodzenie (przechowywanie w temperaturze 4oC przez 1 godzinę i 24 godziny) oraz interakcja jonów. Po ograniu i zestaleniu skrobia żelatynizowana zostaje schłodzona lub schłodzona, następuje retrogradacja, a część zestalonej skrobi zostaje przekształcona w formę krystaliczną, która jest odporna na trawienie (Liyong *i in.*, 2010). Przy rozpatrywaniu próbek surowych i gotowanych (zboża, rośliny strączkowe i bulwy) zawartość RS różni się w zależności od różnych warunków przetwarzania.

1.1 Cele

- Aby oszacować zawartość odpornej skrobi i nieodpornej skrobi w wybranych bulwach surowych
- Aby porównać wpływ różnych metod obróbki termicznej na zawartość skrobi odpornej i nieodpornej w wybranych bulwach
- Aby porównać wpływ różnych czasów przetwarzania na zawartość skrobi odpornej i nieodpornej w wybranych bulwach
- Aby porównać wpływ różnych sposobów chłodzenia na zawartość skrobi odpornej i nieodpornej w wybranych bulwach
- Ocena wpływu interakcji jonowej na wybrane przetworzone bulwy.

ROZDZIAŁ II

2 PRZEGLĄD LITERATURY

2.1 Skrobia i jej klasyfikacja

Chemicznie skrobie są polisacharydami, składającymi się z pewnej liczby cząsteczek monosacharydów lub cukru (glukozy) połączonych ze sobą wiązaniami α-D-(1-4) i/lub α-D-(1-6). Skrobia składa się z 2 głównych składników strukturalnych, amylozy, która jest zasadniczo liniowym polimerem, w którym pozostałości glukozy są połączone z α-D-(1-4), stanowiąc zazwyczaj 15-20 % skrobi, oraz amylopektyny, która jest większą rozgałęzioną cząsteczką ze związkami α-D-(1-4) i α-D-(1-6) i jest głównym składnikiem skrobi. Amyloza jest liniowa lub lekko rozgałęziona, ma stopień polimeryzacji do DP 6000, a jej masa cząsteczkowa wynosi od 105 do 106 g/mol. Łańcuchy mogą łatwo tworzyć pojedyncze lub podwójne spirale (Takeda *i in.*, 1989).

Na podstawie badań dyfrakcji rentgenowskiej zorientowanych włókien amylazowych wskazuje się na obecność amyloesu typu A i typu B (Galliard, 1987). Elementy konstrukcyjne typu B są podwójnymi helikopterami, które są pakowane w trybie anty-równoległym, sześciokątnym. Kanał środkowy otoczony 6 podwójnymi ślimakami jest wypełniony wodą (36 H2O/jednostkowa komora). Typ A jest bardzo podobny do typu B, z tą różnicą, że kanał centralny jest zajęty przez inną podwójną spiralę, dzięki czemu pakowanie jest bliżej. W tym typie tylko 8 cząsteczek wody na komórkę jednostkową jest umieszczanych pomiędzy podwójną spiralą. Amylopektyna (107-109 g/mol) jest silnie rozgałęziona i ma średnią wartość DP wynoszącą 2 mln, co czyni ją jedną z największych cząsteczek w naturze. Typowe są długości łańcuchów od 20 do 25 jednostek glukozy między rozgałęzieniami.

Model klastra zyskał większą wiarygodność, gdy Hizukuri postulował, że łańcuchy amylopektyny są albo zlokalizowane w obrębie jednego klastra, albo służą do łączenia2 lub większej liczby klastrów (Hizukuri 1986; Thompson 2000). Krótkie łańcuchy (A) DP 12-16, które mogą tworzyć podwójne helikoptery, są ułożone w klastrach. Klastry te składają się z 80% do 90% łańcuchów i są połączone dłuższymi łańcuchami (B), które tworzą pozostałe 10% do 20% łańcuchów. Większość łańcuchów B rozciąga się na 2 (DP ok. 40) lub 3 skupiska (DP ok. 70), ale niektóre rozciągają się na więcej skupisk (DP ok. 110)Na podstawie doświadczeń z dyfrakcją rentgenowską mówi się, że granulki skrobi mają charakter półkrystaliczny, co wskazuje na wysoki stopień orientacji cząsteczek glukanu. Około 70% masy granulatu skrobiowego jest uznawane za amorficzne, a około 30% za krystaliczne. Obszary amorficzne zawierają główną ilość amylozy, ale także znaczną część amylopektyny. Region krystaliczny składa się głównie z amylopektyny.

2.2 Różne sposoby klasyfikowania skrobi rodzimych

2.2.1 Dyfrakcja rentgenowska.

Trzy rodzaje skrobi, oznaczone jako typ A, typ B i typ C, zostały zidentyfikowane na podstawie dyfrakcji rentgenowskiej

Zależy to częściowo od długości łańcucha tworzącego siatkę amylopektyny, gęstości upakowania w granulkach oraz obecności wody (Wu i Sarko, 1978). Chociaż typ A i typ B są prawdziwymi modyfikacjami krystalicznymi, typ C jest formą mieszaną. Istotne cechy typów skrobi są następujące.

Typ A. Struktura typu A posiada amylopektyny o długości łańcucha od 23 do 29 jednostek glukozy. Wiązanie wodorowe pomiędzy grupami hydroksylowymi łańcuchów cząsteczek amylopektyny powoduje powstawanie zewnętrznej podwójnej struktury śrubowej. Pomiędzy tymi mikelami, liniowe łańcuchy cząsteczek amylozy są upakowane poprzez tworzenie wiązań wodorowych z zewnętrznymi łańcuchami liniowymi amylopektyny. Ten wzór jest bardzo powszechny w zbożach.

Typ B. Struktura typu B składa się z amylopektyny o długości łańcuchów od 30 do 44 cząsteczek glukozy z wodą. Jest to typowy wzór skrobi w surowym ziemniaku i bananie.

Typ C. Struktura typu C składa się z amylopektyny o długości łańcuchów od 26 do 29 cząsteczek glukozy, będącej połączeniem typu A i typu B, co jest typowe dla grochu i fasoli.

2.2.2 W oparciu o działanie enzymów

Zgodnie z Berry (1986) skrobie można klasyfikować według ich zachowania podczas inkubacji z enzymami bez uprzedniego wystawienia na działanie czynników dyspergujących w następujący sposób.

Szybkostrawna skrobia (RDS).

RDS składają się głównie ze skrobi amorficznej i rozproszonej i występują w dużych ilościach w potrawy skrobiowe gotowane na wilgotnym ogniu, takie jak chleb i ziemniaki. Jest on mierzony chemicznie jako skrobia, która jest przekształcana na składowe cząsteczki glukozy w 20 minutach trawienia enzymatycznego.

Wolno strawna skrobia (SDS).

Podobnie jak RDS, SDS powinna być całkowicie strawiona w jelicie cienkim, ale z tego czy innego powodu, jest trawiona wolniej. Kategoria ta składa się z fizycznie niedostępnej skrobi amorficznej i skrobi surowej o strukturze krystalicznej typu A i typu C, takich jak zboża i skrobia typu B albo w postaci granulek, albo w postaci zmiękczonej w żywności gotowanej. Jest ona mierzona chemicznie jako skrobia przekształcona w glukozę po dalszych 100 minutach trawienia enzymatycznego.

Wytrzymała skrobia.

Termin "skrobia oporna" został po raz pierwszy ukuty przez (Englyst *i in.* 1982), aby opisać małą frakcję skrobi, która była oporna na hydrolizę przez wyczerpujące leczenie α-amylazą i pullulanazą in vitro. RS to skrobia nie zhydrolizowana po 120 minutach inkubacji (Englyst *i in.*, 1992). Jednakże, ponieważ skrobia docierająca do jelita grubego może być mniej lub bardziej sfermentowana przez mikroflorę jelitową, RS jest obecnie definiowany jako ta frakcja skrobi spożywczej, która ucieka z trawienia w jelicie cienkim. Jest ona mierzona chemicznie jako różnica między całkowitą zawartością skrobi (TS) uzyskanej z próbki homogenizowanej i poddanej obróbce chemicznej a sumą RDS i SDS, wygenerowanych z niehomogenizowanych próbek żywności w drodze fermentacji enzymatycznej.

RS = TS - (RDS + SDS)

2.2.3 W oparciu o właściwości odżywcze

Klasyfikacja ta opiera się na stopniu strawności skrobi w następujący sposób.

Skrobie fermentacyjne.

Obejmują one skrobie strawialne przez enzymy ciała, a mianowicie skrobie szybkostrawne (RDS) i skrobie wolnostrawne (SDS). RDS składają się głównie ze skrobi amorficznej i rozproszonej, występującej w dużych ilościach w żywności skrobiowej gotowanej na wilgotnym ogniu. Podobnie jak w przypadku RDS, skrobia rozpuszczalna w wodzie powinna być całkowicie strawiona w jelicie cienkim, ale z tego czy innego powodu jest trawiona wolniej.

.

Wytrzymała skrobia.

RS jest niestrawialny przez enzymy ciała. Jest on podzielony na 4 frakcje: RS1, RS2, RS3, i RS4. Są one również nazywane skrobiami typu I, II, III i IV.RS1 reprezentuje skrobię, która jest odporna, ponieważ jest w formie fizycznie niedostępnej, takiej jak częściowo zmielone ziarna i nasiona oraz w niektórych bardzo gęstych rodzajach przetworzonej żywności skrobiowej. Jest on mierzony chemicznie jako różnica między glukozą uwolnioną w wyniku trawienia enzymatycznego homogenizowanej próbki żywności a glukozą uwolnioną z próbki niehomogenizowanej.

RS1 jest stabilny termicznie w większości normalnych operacji gotowania i umożliwia jego użycie jako składnika wielu różnych konwencjonalnych produktów spożywczych.RS2 reprezentuje skrobię, która jest w pewnej formie granulatu i odporna na trawienie enzymatyczne. Jest on mierzony chemicznie jako różnica między glukozą uwolnioną w wyniku trawienia enzymatycznego przegotowanej homogenizowanej próbki żywności a glukozą z nie przegotowanej, niehomogenizowanej próbki żywności.

W surowych granulkach skrobi, skrobia jest szczelnie upakowana w sposób promienisty i jest stosunkowo odwodniona. Ta zwarta struktura ogranicza dostępność enzymów trawiennych, różnych amylaz i stanowi o odporności RS2, np. skrobi nieżelatynowanej. W diecie surowa skrobia jest spożywana w produktach spożywczych takich jak banany. RS1 i RS2 stanowią pozostałości form skrobi, które są trawione bardzo powoli i nie w pełni w jelicie cienkim.

RS3 stanowi najbardziej odporną frakcję skrobi i jest to głównie amyloza retrogradowana powstająca podczas chłodzenia skrobi żelowanej. Dlatego też większość żywności ogrzewanej wilgocią zawiera część RS3. Jest on mierzony chemicznie jako frakcja, która jest odporna na dyspersję przez gotowanie i trawienie enzymatyczne. Można ją rozpraszać tylko za pomocą KOH lub sulfotlenku dimetylu (Asp i Bjorck, 1992). RS3 jest całkowicie odporny na trawienie przez amylazy trzustkowe.

Dlatego,

RS1 = TS - (RDS + SDS) - RS2 - RS3

RS2 = TS - (RDS + SDS) - RS1 - RS3

RS3 = TS - (RDS + SDS) - RS2 - RS1

RS4 jest RS, w którym powstają nowe wiązania chemiczne inne niż α-(1-4) lub α-(1-6). Kategoria ta obejmuje skrobie modyfikowane otrzymane w wyniku różnych rodzajów obróbki chemicznej.

2.3 Struktura RS

RS1

RS1 jest fizycznie chronioną formą skrobi występującą w całych ziarnach (www.cerestarhealthand nutrition.com). Fizycznie niedostępny RS1 w strukturach komórkowych lub tkankowych częściowo zmielonego ziarna, nasion i warzyw.

RS2

W surowych granulkach skrobi, skrobia jest szczelnie upakowana w sposób promienisty i jest stosunkowo odwodniona. Ta zwarta struktura ogranicza dostępność enzymów trawiennych i stanowi o odporności RS2, np. skrobia nieżelowana.

RS3

RS3 reprezentuje skrobię zmodernizowaną. W ten sposób, przy tworzeniu RS3, granulka skrobi jest całkowicie uwodniona. Amyloza wymywa się z granulatu do roztworu w postaci losowo wybranej cewki polimerowej. Po schłodzeniu, łańcuchy polimerowe zaczynają się ponownie wiązać jako podwójne spirale, stabilizowane przez wiązania wodorowe (Wu i

Sarko, 1978). Poszczególne nitki w spirali zawierają 6 jednostek glukozy na obrót w powtórzeniu 20,8 A°. Modele podwójnej spirali to lewoskrętne, równoległe nitki. Strukturę krystaliczną typu A można uzyskać, jeżeli RS tworzy się w żelatynowanej skrobi przechowywanej w wysokiej temperaturze (tj. 100 °C) przez kilka godzin (Eerlingen *et.al.*, 1993a). Ma on gęstą strukturę i tylko kilka cząsteczek wody w komórce jednostki monoklinicznej.

Przy dalszej retrogradacji, podwójne helikoptery pakowane są w sześciokątną komórkę jednostkową. Forma B z symetrią heksagonalną jest bardziej otwarta. Cz±steczki wody (36 do 42 cz±steczek na komórkę jednostkow±) w strukturze B znajduj± się w stałym położeniu w kanale centralnym utworzonym z 6 podwójnych helikopterów. Stopień polimeryzacji (DP) amylozy wpływa również na wydajność RS3; wzrasta ona wraz z DP do 100, a następnie pozostaje stała (Eerlingen *et.al.*,1993b). Minimalna wartość DP wynosząca 10 i maksymalna 100 wydaje się być konieczna do utworzenia podwójnej helisy (Gidley *et.al.* , 1995).

Cechy strukturalne in vivo RS (spożycie retrogradowanej skrobi kukurydzianej o wysokiej zawartości amylazy, kompleksów o wysokiej zawartości amylazy, płatków fasolowych lub ziemniaczanych) oceniano na podstawie zawartości jelit 4-osobowych (Faisant *i in.*, 1993). We wszystkich próbkach frakcje skrobi, które uciekły z trawienia w jelicie cienkim, składały się z 3 populacji α-glukanów w proporcjach różniących się w zależności od podłoża. Niewielkie ilości oligosacharydów składały się na [1]populację, co ilustruje ograniczenie wchłaniania w jelicie cienkim.

Druga populacja, główna RS, składała się z retrogradowanej amylozy o średnim stopniu polimeryzacji (DPn) około 35 jednostek glukozy, o temperaturze topnienia 150 °C i charakteryzującej się wzorem typu B. Ostatecznie wysokocząsteczkowe, półkrystaliczne α-glukany przypisano fragmentom skrobi. Badania te wykazały, że niektóre potencjalnie strawne skrobia może dotrzeć do jelita grubego i że frakcje krystaliczne stanowiły tylko część skrobi, która uciekła z trawienia w ludzkim jelicie cienkim.

RS4

Struktura RS4 obejmuje struktury skrobi modyfikowanych uzyskanych w wyniku obróbki chemicznej, takich jak ester fosforanu dwuskrobiowego

2.4 Funkcjonalność RS

RS ma mały rozmiar cząsteczek, biały wygląd i nijaki smak. RS ma również niską zdolność zatrzymywania wody. Posiada pożądane właściwości fizykochemiczne (Fausto *i in.*, 1997), takie jak pęcznienie, wzrost lepkości, tworzenie żelu i zdolność wiązania wody, co czyni go przydatnym w różnych rodzajach żywności. Właściwości te pozwalają na zastosowanie najbardziej odpornych skrobi zastępujących mąkę w stosunku 1 do 1, bez znaczącego wpływu na obróbkę ciasta lub reologię.

RS nie tylko wzmacnia błonnik, ale również nadaje specjalne właściwości, które nie są osiągalne w żywności o wysokiej zawartości błonnika (Tharanathan i Mahadevamma, 2003). Właściwości funkcjonalne i zalety komercyjnych źródeł RS2 i RS3 (Nugent, 2005) zostały podsumowane w następujący sposób. Są to źródła naturalne, nijakie w smaku, o białym kolorze, o drobnych cząstkach (co powoduje mniejsze zakłócenia tekstury). Mają wysoką temperaturę żelatynizacji, dobre właściwości wytłaczania i formowania filmu, oraz niższe właściwości zatrzymywania wody niż tradycyjne produkty z włókien. W porównaniu z tradycyjnymi produktami z włókna wysokowłóknistego pozwalają na tworzenie się produktów o niskiej masie cząsteczkowej i lepszej teksturze, wyglądzie i odczuciu w ustach (np. lepsze właściwości organoleptyczne); zwiększają chrupkość powłoki produktów i trwałość płatków śniadaniowych w misce.

Są one funkcjonalnymi składnikami żywności obniżającymi wartość kaloryczną żywności i przydatnymi w produktach do leczenia celiakii, jako środki przeczyszczające luzem oraz w produktach do nawadniania jamy ustnej. Niektóre z tych właściwości RS zostały z powodzeniem wykorzystane w układaniu produktów pieczonych i wytłaczanych, jak opisano poniżej.

2.5 Czynniki wpływające na powstawanie RS

2.5.1 Nieodłączne właściwości skrobi

Krystaliczna skrobia.

Jedną z przyczyn odporności na enzymy jest krystaliczna struktura rodzimych granulek skrobi typu B, obserwowana w przypadku skrobi amylomaize, a także enkapsulacja skrobi wewnątrz struktur komórkowych lub tkankowych roślin. Badania dyfrakcji rentgenowskiej i skaningowej kalorymetrii różnicowej pozostałości krystalicznych z próbek skrobi amylomaize sugerują, że fragmenty łańcucha zapakowane w strukturę krystaliczną typu B z nieznacznie powiększoną siatką krystaliczną przyczyniają się do powstawania RS ze skrobi amylomaize. Każda obróbka, która eliminuje krystaliczność skrobi (tj. żelatynizacja) lub integralność struktury komórki lub tkanki roślinnej (tj. mielenie) zwiększa dostępność enzymów i zmniejsza zawartość RS, podczas gdy re-krystalizacja i modyfikacje chemiczne mają tendencję do zwiększania RS. Zmodyfikowane skrobie spożywcze są częściowo odporne na działanie enzymów w wyniku celowych modyfikacji chemicznych (Schweizer *et.al.*, 1990). Poza tym, struktura komórkowa pokarmów roślinnych wpływa na strawność skrobi w jelicie cienkim, jak również na wewnętrzną strawność danej fizycznej formy skrobi.

Struktura granulowana.

Duża zmienność wrażliwości na amylazy, którą wykazują granulki surowej skrobi, wpływa również na powstawanie RS. Skrobia ziemniaczana i skrobia kukurydziana o wysokiej zawartości amylozy są znane jako bardzo odporne in vitro i nie w pełni wchłaniane in vivo, podczas gdy większość skrobi zbożowych jest powoli, ale praktycznie całkowicie trawiona i wchłaniana in vivo (Holm *et.al.*,1987). Mniejszy stosunek powierzchni do objętości dużych granulek ziemniaka jest prawdopodobnie istotny. Należy również wziąć pod uwagę charakter powierzchni granulatu, adsorbowana warstwa materiału nieskrobiowego skutecznie utrudniłaby działanie enzymu (Ring *et.al.*,1988). Surowa skrobia teparyjska okazuje się być bardziej odporna na hydrolizę niż skrobia kukurydziana, być może ze względu na różnice w strukturze granulek i zawartości amylozy (Abbas *et.al.*,1987).

Stosunek amylozy do amylopektyny.

Wyższa zawartość amylozy obniża strawność skrobi ze względu na dodatnią korelację pomiędzy zawartością amylazy a powstawaniem RS (Berry 1986; Sievert i Pomeranz1989b). Znaczenie stosunku amylozy do amylopektyny w odpowiedzi na glikemię poposiłkową i insulinozę badano w powszechnie spożywanych produktach kukurydzianych (Granfeldt *i in.,* 1995). Mąka kukurydziana o wysokiej zawartości amylozy (70%) miała wartość RS 20 g/100 g suchej masy, w porównaniu z mąką kukurydzianą zwykłą (25% amylozy), która miała RS 3 g /100 g suchej masy.

Retrogradacja amyloza.

Po podgrzaniu do temperatury około 50 °C, w obecności wody, amyloza w granulce pęcznieje; struktura krystaliczna amylopektyny rozpada się i granulka pęka. Łańcuchy polisacharydowe przyjmują przypadkową konfigurację, powodując pęcznienie skrobi i zagęszczanie otaczającej ją matrycy, np. żelatynizacja - proces, który sprawia, że skrobia jest łatwo strawna. Podczas chłodzenia/suszenia następuje rekrystalizacja (retrogradacja). Odbywa się to bardzo szybko dla cząsteczki amylazy, ponieważ struktura liniowa ułatwia wiązania krzyżowe za pomocą wiązań wodorowych (Belitz i Grosch, 1999). Rozgałęziony charakter amylopektyny hamuje do pewnego stopnia jej rekrystalizację i odbywa się ona w ciągu kilku dni.

Stwierdzono, że amyloza zmodernizowana w grochu, kukurydzy, pszenicy i ziemniakach jest wysoce odporna na amylolizę (Ring *i in.,* 1988). Szybkość i stopień, w jakim skrobia może ulegać zmodernizowaniu po żelatynizacji zależy zasadniczo od ilości obecnej amylozy. Powtarzający się autoklawowanie skrobi pszennej może generować do 10% RS . Uzyskany poziom wydaje się być silnie związany z zawartością amylazy, a retrogradacja amylozy została zidentyfikowana jako główny mechanizm powstawania RS, który może być generowany w większych ilościach przez powtarzający się autoklaw (Berry 1986; Bjorck *et.al.*,1990). Podczas przechowywania mówi się, że rozproszone polimery skrobi żelatynowanej ulegają retrogradacji do form półkrystalicznych, które są odporne na trawienie przez trzustkową α-amylazę. Tworzy ona znaczną część RS w chlebie pszennym i płatkach kukurydzianych (Englyst i Cummings, 1985), podczas gdy tylko 25% RS w gotowanych, schłodzonych ziemniakach można zaliczyć do amylozy zmiękczonej. Strawność skrobi z roślin strączkowych jest znacznie niższa niż skrobi zbożowej, co wynika z wyższej zawartości amylozy w tej pierwszej.

Trawność wysokiej amylozy skrobi zbożowej jest podobno znacznie niższa (Tharanathan i Mahadevamma, 2003). Rdzenna skrobia o wysokiej zawartości amylozy jest znana jako wysoka w typie II RS (RS2) (Berry, 1986), który jest zdefiniowany jako skrobia w stanie rodzimego ziarnistego, który jest odporny na trawienie w jelicie cienkim. To po ugotowaniu i schłodzeniu daje wysoką wydajność typu III RS (Berry 1986; Sievert i Pomeranz, 1989a) lub skrobia zmiękczona (Englyst *et.al.*,1992). Podgrzewanie preparatu RS z amylomaize VII spowodowało szerokie przejście endotermiczne, które przypisuje się topnieniu krystalitów amylozy (Sievert i Pomeranz, 1990). Przejścia egzotermiczne podczas kontrolowanego chłodzenia izolowanych frakcji amylozy ziemniaczanej przypisuje się asocjacji łańcucha amylozy. Tworzenie RS również przypisuje się uporządkowaniu łańcuchów amylozy (Sievert i *in.*, 1991).

Na podstawie wcześniejszych badań nad zachowaniem się amylozy zasugerowano, że egzotermy obserwowane podczas chłodzenia amylozy lub preparatu RS poddanego obróbce atermicznej odzwierciedlają asocjację łańcuchową, która może wiązać się z agregacją amylozy i żelowaniem zdominowanym przez tworzenie i późniejsze boczne agregowanie podwójnych ślimaków typu B w macierzach krystalicznych (Gidley 1989; Gidley i Bulpin 1989; Sievert i Wursch 1993). Żelatynowana woskowa skrobia kukurydziana przechowywana w różnych temperaturach od 6 °C do 60 °C przez 1 do 29 d wykazała również zmniejszoną podatność enzymatyczną na α-amylazę trzustkową i amyloglukozydazę (Eerlingen *i in.*, 1994).

Wpływ długości łańcucha amylozowego.

Wpływ długości łańcucha amylozy na tworzenie się enzymu RS badano metodą Eerlingen *et.al.*,(1993b) poprzez hydrolizę amylozy skrobi ziemniaczanej w różnym stopniu poprzez inkubację z α-amylazą jęczmienną przez różne okresy oraz monitorowano poprzez pomiar liczby średnich długości łańcucha lub stopnia polimeryzacji (DPn). Wartość DPn RS wahała się między 19 a 26 i była niezależna od długości łańcucha amylozy (DPn 40 do 610), z którego została utworzona. Wyniki sugerowały, że RS może powstawać przez agregację helików amylozy w strukturze krystalicznej typu α w określonym rejonie łańcucha (około 24 jednostek glukozy).

Linearyzacja amylopektyny.

Linearyzacja amylopektyny występuje podczas długiego procesu wypieku w niskiej temperaturze z powodu długotrwałej aktywności wewnętrznych amylaz w cieście i jest widoczna w obecności niektórych kwasów organicznych, czyli w produktach chlebowych wypiekanych z dodatkiem kwasu mlekowego (Liljeberg *et.al.*, 1996). Odnotowano znaczne zwiększenie tworzenia się RS w procesie "wet-autoclaving" (Berry, 1986).

2.5.2 Ciepło i wilgoć

Zawartość wody jest ważnym czynnikiem wpływającym na powstawanie RS. Powtarzająca się obróbka cieplno-wilgociowa związana jest ze zmniejszeniem granicy hydrolizy α-amylazy trzustkowej i zwiększonym tworzeniem się RS.

Maksymalną wydajność RS uzyskano przy stosunku skrobi do wody wynoszącym 1: 3,5 (w/w) (Sievert i Pomeranz 1989b), a obróbka cieplna przy 18% wilgotności dała zwiększony stopień krystaliczności skrobi normalnych i woskowych, a tym samym zmniejszyła podatność na działanie enzymów. Jednakże, przy 27% wilgotności, degradacja skrobi w pewnym stopniu uczyniła obszary skrobi bardziej dostępnymi dla ataku enzymów. W związku z tym, właściwa obróbka cieplna może być stosowana jako metoda przygotowania RS (Franco *et.al.*,1995). Ponadto, wyższa temperatura i mniejsza ilość wody daje w rezultacie konfigurację typu A, podczas gdy niższa temperatura i duża zawartość wody daje w rezultacie konfigurację typu B (Wu i Sarko, 1978). Malshick-Shin *et.al.*, (2003) określił rozpuszczalność, sorpcję pary wodnej i charakterystykę pęcznienia dla RS otrzymanego ze skrobi pszennej i ozimowanej skrobi pszennej przez autoklawowanie i chłodzenie oraz przez sieciowanie. Doświadczalny RS otrzymany ze skrobi pszennej zawierał od 10% do 73% RS w porównaniu z 58% i 40% w źródłach komercyjnych, odpowiednio Novelose 240 i 330, wyprodukowanych z wysoko-amylozowej skrobi kukurydzianej. W nadmiarze wody skrobie doświadczalne RS (z wyjątkiem usieciowanej skrobi pszennej) otrzymywały od 3 do 6 razy więcej wody niż skrobie komercyjne RS w temperaturze 25 °C i od 2 do 4 razy więcej w temperaturze 95 °C.

Wszystkie skrobie wykazały podobne izotermy sorpcji pary wodnej i desorpcji w temperaturze 25 °C i aw < 0,8. Przy aw 0,84 do 0,97, RS wytworzony ze skrobi pszennej (z wyjątkiem usieciowanej skrobi pszennej) wykazywał około 10% wyższą sorpcję wodną niż komercyjny RS. RS oznaczony w kilku wybranych zbożach, roślinach strączkowych i bulwach poddanych obróbce cieplnej na sucho i mokro wykazywał wyższą zawartość RS w żywności poddanej obróbce cieplnej na sucho niż w żywności poddanej obróbce cieplnej na mokro. Sorgo, zielony gram dhal i zielona plantaina wykazywały najwyższą zawartość RS (odpowiednio 5,51%, 5,81% i 10,7%) (Platel i Shurpalekar 1994).

2.5.3 Interakcja skrobi z innymi składnikami

Wiadomo, że interakcje skrobi z różnymi składnikami obecnymi w układzie pokarmowym wpływają na powstawanie RS w następujący sposób.

Białko.

Uważa się, że interakcje skrobia-białko zmniejszają zawartość RS, jak zaobserwowano w przypadku skrobi ziemniaczanej i dodawanej albumin podczas autoklawowania, a następnie schładzania w temperaturze -20 °C (Escarpa *i in.*, 1997).

Błonnik pokarmowy.

Wykazano, że nierozpuszczalne składniki błonnika pokarmowego, takie jak celuloza i lignina, mają minimalny wpływ na wydajność RS w porównaniu z innymi składnikami, takimi jak jony potasu i wapnia oraz katechina (Escarpa *et.al.*, 1997).

Inhibitory enzymów.

Polifenole, kwas fitynowy i lektyny obecne głównie w nasionach roślin strączkowych, hamują hydrolizę skrobi in vitro i obniżają indeks glikemiczny (Thompson i Yoon 1984). Kwas taninowy istotnie hamuje zarówno aktywność amylaz, jak i maltaz jelitowych (Bjorck i Nyman, 1987). Niestrawne pozostałości po fasoli czarnej (*Phaseolus vulgaris cv. Tacari gua*), fasoli szparagowej (*P. vulgaris*), marchwi (*Daucus carota*) i otrębów ryżowych (*Oryza sativa*) hamują in vitro aktywność α- amylazy trzustkowej (Moron *et.al.*, 1989). Ponieważ amyloliza jest hamowana przez kwas fitynowy, zmniejszenie zawartości fitynianów zwiększa strawność skrobi (Thompson i Yoon, 1984). W literaturze przedmiotu istnieją sprzeczne informacje na ten temat.

Stwierdzono, że autoklawowanie, a następnie chłodzenie skrobi ziemniaczanej i katechiny w znacznym stopniu zmniejsza wydajność RS, podczas gdy dodatek kwasu fitynowego do skrobi ziemniaczanej zmniejsza zawartość RS w niewielkim stopniu (Escarpa *et.al.*,1997) w porównaniu z RS tworzonym ze skrobi ziemniaczanej bez dodatku składnika. Przyczyny tego stanu rzeczy są nadal niejasne.

Jony.

Wydajność RS w żelach skrobi ziemniaczanej zmniejsza się w obecności jonów wapnia i potasu w porównaniu z jonami bez dodatku składnika (Escarpa *i in.*, 1997), prawdopodobnie ze względu na zapobieganie powstawaniu wiązań wodorowych pomiędzy łańcuchami amylazy i amylopektyny spowodowanych adsorpcją tych jonów.

Cukierki.

Stwierdzono, że dodatek cukrów rozpuszczalnych, takich jak glukoza, maltoza, sacharoza i ryboza obniża poziom krystalizacji, a następnie zmniejsza wydajność RS (Buch i Walker, 1988; Kohyama i Nishinari 1991). Za mechanizm hamowania retrogradacji uznano interakcję pomiędzy cząsteczkami cukru a łańcuchami molekularnymi skrobi, które zmieniają matrycę żelatynizowanej skrobi (cukry działają jako anty-plastyfikatory i zwiększają temperaturę zeszklenia). Rolę cukrów w tworzeniu RS w żelach skrobiowych (RS typu III) zbadano w pracy Eerlingen *et.al.*, (1994). Cukry wpływały na poziom RS w żelach skrobiowych tylko wtedy, gdy były dodawane w wysokim stężeniu (końcowy stosunek skrobia - woda - cukier wynosił 1:10:5 w/w). W pszennych żelach skrobiowych uzysk RS zmniejszył się z ok. 3,4% do 2,8% w obecności sacharozy lub glukozy oraz do 2,5% w obecności rybozy lub maltozy.

Wzrost wydajności RS zaobserwowano w przypadku wysokozamylozowej skrobi kukurydzianej. Badania wykazały, że różnice w temperaturze żelatynizacji, zawartości lipidów i widocznej zawartości amylozy w 2 skrobiach nie były głównymi przyczynami zróżnicowanego wpływu cukrów na wydajność RS.

Lipidy, emulgatory.

W badaniach, skrobia amylomaize VII, autoklawowana w temperaturze 125 °C, była reagowana podczas chłodzenia poniżej 100 °C z lizofosfatydylocholiną (LPC), stearoilaktylanem sodu (SSL) i hydroksylowaną lecytyną (OHL) (Czuchajowska *i in.*,1991). Piki różnicowej kalorymetrii skaningowej (DSC) w temp. od ok. 95 °C do 110 °C wskazywały na tworzenie się kompleksów amylo-lipidowych, a w temp. ok. 155 °C na obecność odpornej na enzymy skrobi (RS). Wydajność RS ze skompleksowanych próbek wyizolowanych przez termostabilną bakteryjną α-amylazę lub amyloglukozydazę była niższa niż RS z kontroli autoklawowanej i schłodzonej. Tworzenie się kompleksów konkuruje z łańcuchami amylozy uczestniczącymi w tworzeniu RS. Kompleksy amylo-lipidowe ulegają degradacji enzymatycznej, a wzrost zawartości skompleksowanej amylozy obniża wydajność RS. Rekrystalizacja amylozy w tworzeniu RS jest konkurencyjna w przypadku kompleksowania amylozy z LPC i SSL. Wyniki rentgenowskiej dyfrakcyjnej krystalografii proszkowej były zgodne z pomiarami DSC. Kompleksy amylozy z LPC, SSL i OHL dawały wzory typu V; hydroliza enzymatyczna kompleksów dawała struktury typu B RS. Jednak punkt widzenia naukowców pracujących w tej dziedzinie jest różny. Podczas gdy niektórzy pracownicy uważają, że kompleks amyloselipidowy ogranicza powstawanie RS, inni uważają, że sam kompleks amyloselipidowy jest formą RS.

Z badań nad izolowaną skrobią jęczmienną autoklawowaną stearoilaktylanem sodu (SSL), monoglicerydami destylowanymi, estrami monoglicerydów kwasu diacetylowo-winowego (DATEM) i etoksylowanymi monoglicerydami (dodatki piekarnicze), Postuluje się, że na krystalizację amylozy (mierzoną entalpią endotermii 158 °C), która jest zaangażowana w powstawanie RS, konkurencyjnie wpływa jej kompleksowanie z lipidami (Szczodrak i Pomeranz, 1992). Badano wpływ kwasu cytrynowego oraz 2 emulgatorów SSL i DATEM na powstawanie i strukturę RS podczas wytłaczania skrobi kukurydzianej i gumy guar (Adamu, 2001). Dyfrakcja rentgenowska wytłaczanych skrobi dała wzorzec dyfrakcji V wskazujący na powstawanie kompleksów amylo-lipidowych. Oczyszczanie wyizolowanych RS metodą wysokosprawnej chromatografii cieczowej (HPLC) wykazało istotny wpływ dodatków na masę cząsteczkową; DATEM i SSL zwiększały masę cząsteczkową RS, natomiast kwas cytrynowy ją zmniejszał. Wpływ endogennych lipidów na powstawanie RS ze skrobi pszennej wykazał odtłuszczanie w celu zmniejszenia zawartości RS (Eerlingen *et.al.*, 1994). Po dodaniu SDS do odtłuszczonej pszenicy lub skrobi amylomaize VII plony RS znacznie się zmniejszyły. Dyfrakcja rentgenowska i DSC wykazały, że kompleksy amylo-lipidowe powstawały w obecności zarówno endogennych, jak i dodanych lipidów (SDS). Podobne zachowanie odnotowano w przypadku dodawania lipidów (Eliasoson *et.al.*,1988), takich jak oliwa z oliwek (Escarpa *et.al.*,1997). Tak więc, mniej amylozy było dostępne dla interakcji prowadzących do powstawania podwójnych spirali i RS. Dodanie SDS do skrobi spowodowało również różnicę w jakości RS. Kompleksy amylo-lipidowe mogą również powstawać podczas przetwarzania żywności (autoklawowanie i chłodzenie). Lecytyna, kwas palmitynowy, kwas oleinowy i olej sojowy wpływają na retrogradację w mniejszym stopniu niż monoglicerydy. Autorzy ci stwierdzili jednak, że czysta amyloza ziemniaczana i kwas oleinowy tworzyły kompleksy wysoce odporne na amylolizę (Mercier 1980).

2.5.4 Obróbka termiczna

Gotowanie na parze.

Gotowanie na parze pomaga w produkcji RS. Skrobie wyizolowane z kilku roślin strączkowych podgrzewanych na parze były bogate w niestrawny RS (19% do 31%, na bazie DM), czego nie zaobserwowano w surowej fasoli (Tovar i Melito 1996). Podobnie, RS mierzony bezpośrednio w fasoli konwencjonalnej i wysokociśnieniowej parowanej był 3 do 5 razy wyższy niż w nasionach surowych, co sugeruje, że za zmniejszenie strawności odpowiada głównie retrogradacja. Długotrwałe gotowanie na parze, jak również krótkotrwałe ogrzewanie ciśnieniowe obniżyły ocenianą enzymatycznie całkowitą zawartość skrobi w całej fasoli o 2% do 3% (na bazie DM), wskazując, że zabiegi te mogą indukować powstawanie innych rodzajów niestrawnej skrobi (Tovar i Melito 1996).

Autoklawowanie.

Autoklawowanie powoduje wzrost RS. Autoklawowana skrobia pszenna posiada 9% RS w porównaniu z mniej niż 1% w niegotowanej skrobi pszennej (Siljestrom i Asp 1985). Autoklawowana skrobia pszenna zawierała 6,2% RS (z dm); wartość ta wzrosła do 7,8% po 3 kolejnych cyklach zagotowania/chłodzenia (Bjorck *i in.,* 1987). Ilościowy i jakościowy wpływ czasu i temperatury inkubacji autoklawowanej skrobi na powstawanie RS badał Eerlingen *et.al.,* (1993a). W innym badaniu, biała mąka poddana powtarzającym się cyklom autoklawowania i chłodzenia wykazywała wzrost całkowitego błonnika pokarmowego >3 razy większy niż mąka chlebowa i 4 razy większy niż mąka ciastkarska (Ranhotra i in., 1991). Wzrost ten był spowodowany przede wszystkim powstawaniem RS. Badania nad tworzeniem się skrobi odpornej na działanie enzymów (RS) podczas autoklawowania i chłodzenia przez Sieverta i Pomeranza (1989a) wykazały najwyższą wydajność (21,3%) uzyskiwaną ze skrobi amylomaize VII (70% amylozy).

Na powstawanie RS w skrobi amylomaize VII miały wpływ: stosunek skrobi do wody, temperatura autoklawu oraz liczba cykli autoklawowania i chłodzenia. Liczba cykli wywierała największy wpływ na RS; zwiększenie liczby cykli do 20 zwiększyło poziom RS do >40%. Ponadto, dane termoanalityczne sugerowały, że kompleksy amylo-lipidowe nie biorą udziału w powstawaniu RS. Z autoklawowanej skrobi amylomidowej zawierającej 70% amylozy można uzyskać wydajność przekraczającą 20% RS. Można je podnieść do poziomu 40% poprzez zwiększenie liczby cykli autoklawowania i chłodzenia do 20 (Eerlingen i Delcour, 1995). Stopień tworzenia RS w dostępnych w handlu autoklawowanych produktach kukurydzianych, ziemniaczanych i strączkowych oraz w przecierach autoklawowanych przeznaczonych do spożycia przez niemowlęta w wieku od

3 do 8 miesięcy badali Siljestrom i Bjorck (1990). Stwierdzone poziomy RS (g/100 g DM) były następujące: 0,8 do 2,4 w przecierach, 0,2 do 3,2 w roślinach strączkowych w puszkach, 1,9 w ziemniakach w puszkach, 0,5 i 0,9 w odtworzonych suszonych ziemniakach, <0,1 w kukurydzy w puszkach i 1,1 w płatkach kukurydzianych. Stwierdzono, że skrobia rdzenna (NS) ekstrahowana z pszenicy i poddawana 5 cyklom autoklawowania i chłodzenia zawierała 11,5% RS, który mierzono jako nierozpuszczalne włókno; NS zawierał 0,5% RS (Ranhotra *et.al.*,1991). Do produkcji skrobi odpornej na działanie amylazy (RS) z oczyszczonych próbek skrobi wysokooamylozowej zastosowano obróbkę cieplno-wilgotnościową (autoklawowanie w temperaturze 121 °C) z następującym po niej chłodzeniem. Na powstawanie RS w skrobi jęczmiennej duży wpływ miała liczba cykli autoklawowania-chłodzenia; zwiększenie liczby cykli z 1 do 20 zwiększyło wydajność RS z 6% do 26% (Szczodrak i Pomeranz, 1991).

Parzenie.

Parzenie zwiększa produkcję RS. W badaniach 5 odmian ryżu, różniących się zawartością amylozy, poziomy RS in vitro i in vivo były niskie i dodatnio skorelowane z zawartością amylozy (Eggum *et.al.*, 1993). Wyższe poziomy RS skrobi stwierdzono w ryżu gotowanym i parzonym niż w ryżu surowym; ryż woskowy miał bardzo niskie wartości. Wyższe zawartości RS odnotowano w parzonym ryżu niż w ryżu białym surowym, który również wzrósł przez chłodzenie lub zamrażanie (Marsono i Topping, 1999).

Pieczenie.

Pieczenie zwiększa zawartość RS. W badaniach oceniających wpływ wypieku na powstawanie RS wypiekano chleb biały i dzielono go na 3 frakcje (miękisz, skórkę wewnętrzną i zewnętrzną) (Westerlund *i in.,* 1989). Stwierdzono, że poziom skrobi jest najwyższy w cieście, a najniższy w zewnętrznej skórce po wypieku przez 35 min. Poziom RS był najniższy w cieście, a najwyższy w miękiszu po pieczeniu przez 35 min. Niskotemperaturowy, długo wypiekany produkt zawierał znacznie większe ilości RS niż chleb wypiekany w normalnych warunkach (Liljeberg *i in.,* 1996). Dodatek kwasu mlekowego dodatkowo zwiększył odzysk RS, natomiast słód nie miał wpływu na jego wydajność. Najwyższy poziom RS odnotowano w przypadku pieczywa długo wypiekanego na bazie mąki jęczmiennej o wysokiej zawartości amylozy. RS wyizolowany z żywności na bazie pszenicy, takiej jak chapatti i phulka, charakteryzował się strukturalnie jako liniowy 1, 4-połączeniowy α-D-glukan pochodzący zasadniczo z retrogradowanej frakcji amylazowej, która była zależna od stopnia zaawansowania obróbki, a także od zawartości glutenu i uszkodzonej skrobi w mące pszennej (Tharanathan, 2001).

Wytłaczanie.

Badano wpływ gotowania w wytłaczarce, w różnych temperaturach (90, 100, 120, 140 lub 160 °C), wilgotności (20%, 25%, 30%, 35% lub 40%) i prędkościach ślimaka (60, 80 lub 100 obr/min), na powstawanie RS typu 3 (RS3) w bezłupinowych mączkach jęczmiennych z CDC-Candle (woskowych) i Phoenix (zwykłych). Zawartość RS3 w mąkach rodzimych na ogół zmniejszała się w wyniku gotowania w wytłaczarce, ale nie była znacząca. Przechowywanie próbek wytłaczanej mąki w temperaturze 4 °C przez 24 h przed suszeniem w piecu nieznacznie zwiększyło zawartość RS3 (Faraj *et.al.,* 2004). W przypadku jęczmienia perłowego wykorzystywanego jako materiał pierwotny w testach mających na celu optymalizację produkcji RS przez ekstruzję najlepsze wyniki uzyskano przy temperaturze ekstruzji 150 °C i wilgotności jęczmienia od 17,5 % do 22,5 %, a następnie przechowywaniu w chłodni w temperaturze -18 °C (Gebhardt *et.al.*,2001). Skrobie kukurydziane z gumą guar i bez niej [10% (w/w)] oraz 2% (w/w) estru kwasu diacetylowo-winowego monoglicerydowego, stearoilo-2-laktylanu sodu lub kwasu cytrynowego, odpowiednio, wytłaczano w wytłaczarce dwuślimakowej przy wilgotności 18%, 150 °C i prędkości obrotowej ślimaka 180 obr/min (Adamu, 2001). Stwierdzono, że na powstawanie RS w wytłaczanej skrobi kukurydzianej duży wpływ miał dodatek gumy i różnych dodatków do żywności. Dyfrakcja rentgenowska wytłaczanych skrobi dała V wzór dyfrakcji wskazujący na efekt gotowania wytłaczanej skrobi i kompleksów amylo-lipidowych. Trawienie enzymatyczne nie miało wpływu na strukturę V, co najwyraźniej można przypisać gotowaniu metodą ekstruzji. Oczyszczanie wyizolowanego RS przez wykluczenie wielkości-HPLC wykazało zależność masy cząsteczkowej od dodanych dodatków. Wyniki różnicowej kalorymetrii skaningowej i dyfrakcji rentgenowskiej wskazują, że kompleksy amylozy-lipidów mogą również uczestniczyć w tworzeniu RS w wytłaczanej skrobi kukurydzianej.

Pirokonwersja.

Pirokonwersja skrobi zwiększa zawartość RS. Skrobia Lima bean (Phaseoluslunatus) została zmodyfikowana metodą pirokonwersji, przy czym optymalny produkt odzyskiwano z rodzimej skrobi poddanej działaniu stosunku skrobi 160:1 do HCl, w temperaturze 90 °C przez 1 h, uzyskując skrobię zawierającą 49,5% niestrawnej skrobi (Tester *et.al.*,2004). Piroindrynizacja skrobi zmniejszyła ilość skrobi dostępnej enzymatycznie poprzez tworzenie nietypowych wiązań glikozydowych, które nie są trawione przez amylazy i maltooligosacharydydyazę w jelicie cienkim człowieka.

Napromieniowanie mikrofalowe.

Napromieniowanie mikrofalowe poprawia strawność skrobi bulwiastych, czemu mogą towarzyszyć zmiany fizykochemiczne i strukturalne. Mikrofalowe gotowanie roślin strączkowych, takich jak ciecierzyca i fasola zwykła, doprowadziło do redystrybucji nierozpuszczalnych polisacharydów nieskrobiowych do frakcji rozpuszczalnej, chociaż całkowita zawartość polisacharydów nieskrobiowych nie uległa zmianie. Oceniono to poprzez ocenę zmian fizykochemicznych, odżywczych i mikrostrukturalnych w polisacharydach skrobiowych i nieskrobiowych (Marconi *i in.*, 2000). Poziom RS zmniejszył się z 32,5% całkowitej zawartości skrobi odpowiednio w surowej ciecierzycy i fasoli do około 10% w próbkach gotowanych, przy jednoczesnym wzroście poziomu skrobi szybkostrawnej z 35,6% i 27,5% do około 80%. Badania nad wpływem różnych rodzajów obróbki cieplnej (gotowanie, gotowanie mikrofalowe, gotowanie pod ciśnieniem) na szybkość hydrolizy, wskaźnik hydrolizy oraz wartości wskaźnika glikemicznego skrobi kudzu i skrobi kukurydzianej wykazały wzrost poziomu skrobi strawnej oraz spadek wskaźnika RS po obróbce cieplnej.

Szybkość hydrolizy skrobi kudzu i skrobi kukurydzianej wzrosła po obróbce cieplnej, zwłaszcza po mikrofalowaniu (Geng *i in.*, 2003).

2.5.5 Warunki przechowywania

Ogólnie rzecz biorąc, RS wzrasta przy przechowywaniu, zwłaszcza w niskich temperaturach. Wydaje się, że pamięć masowa w niskiej temperaturze obsługuje wzrost zawartości RS. Całe pieczywo kukurydziane i miękisz kukurydziany przechowywane w różnych temperaturach (-20 °C, 4 °C lub 20 °C) przez 7 d wykazywały maksymalną zawartość RS pomiędzy 2 a 4 d we wszystkich temperaturach przechowywania, po czym zmniejszały się (Niba 2003). Najniższy poziom RS w całym chlebie kukurydzianym stwierdzono po przechowywaniu w temperaturze -20 °C (2,18 g/100 g) przez 7 d. Porównanie masy oraz świeżej i przechowywanej tortilli z odmian kukurydzy zwyczajnej i Costeno wykazało, że Costeno miało wyższą zawartość skrobi strawnej i całkowitego błonnika pokarmowego niż jej zwykły odpowiednik. W czasie przechowywania obu rodzajów tortilli zmniejszyła się zawartość skrobi strawnej, natomiast wzrosła zawartość skrobi RS (Mora-Escobedo *i in.*, 2004). Badania nad wpływem zimnego przechowywania na strawność skrobi in vitro tortilli wykazały spadek zawartości dostępnej skrobi w tortilli po 48 h zimnego przechowywania, czemu towarzyszył wzrost całkowitego poziomu RS (Agama-Acevedo *i in., 2004*). Zmiany te były spowodowane głównie retrogradacją, na co wskazuje zwiększony poziom retrogradacji skrobi odpornej (RRS), który stanowił główną część całkowitego RS. Chociaż schematy amylolizy w przypadku tortilli świeżych i przechowywanych przez 72 h były podobne, zaobserwowano niższe wskaźniki trawienia w przypadku przechowywanych próbek. Zawartość RS w żelatynizowanych próbach kukurydzy, ragi, ryżu, sago i mączki ziemniaczanej wzrastała przy przechowywaniu w niskiej temperaturze, a malała przy ponownym ogrzewaniu próbek. W próbach żywności gotowanej z ryżu, chleba przaśnego, ziemniaka, bengalskiego i zielonego grama stwierdzono również zwiększone tworzenie RS podczas przechowywania.

Nie stwierdzono istotnego wzrostu zawartości RS w przechowywanych zdekortowanych roślinach strączkowych (gram bengalski, gram zielony i gram czerwony), natomiast gram koński i soczewica wykazywały mniejsze RS podczas przechowywania w porównaniu ze świeżymi próbkami.

Stwierdzono wzrost RS w żelatynowanych próbach kukurydzy, pszenicy, ragi, ryżu, sago i mąki ziemniaczanej w niskich temperaturach przechowywania. 27% wzrost RS gotowanego ryżu zaobserwowano podczas przechowywania w temperaturze 4 °C (Johansson i Siljestrom, 1984). Im dłuższy czas przechowywania żelowanej mąki pszennej, tym większe było powstawanie RS (Kavita *et.al.*,1998). Ryż przechowywany w temperaturze -20 °C był klasyfikowany wstecznie bardziej niż ryż przechowywany w lodówce (Mitsuda 1993).

ROZDZIAŁ TRZY

3 MATERIAŁY I METODY

3.1 Metody analityczne

Krzywa wzorcowa dla glukozy metodą kwasu 3, 5-dinitrozalicylowego (kwas DNS)

Zastosowano metodę Millera (197).

Zasada

Grupa aldehydowa cząsteczki glukozy redukuje kwas 3, 5-dinitrozalicylowy (kwas DNS) do kwasu 3-amino, 5-nitro-salicylowego o barwie pomarańczowej w środowisku alkalicznym na wrzącej i utlenia się do grupy karboksylowej. Uzyskany kolor pomarańczowy jest proporcjonalny do stężenia glukozy obecnej w roztworze.

Utlenianie
Grupa aldehydowa ~~grupa~~ → karboksylowa

Redukcja
Kwas 3, 5-Dinitro Salicylo → 3-Amino, 5-Nitro Salicylowy

Odczynniki

Wzorcowy roztwór glukozy (100mg/100ml)

Niewielka ilość D-glukozy została wysuszona w temperaturze 80°C w otwartej butelce z zakrętką na dwie godziny. Wysuszoną D-glukozę (100mg) rozpuszczono w wodzie destylowanej (80mL), a jej objętość uzupełniono do 100mL.

Roztwór wodorotlenku sodu (2 N)

NaOH (8,0 g) został rozpuszczony w wodzie destylowanej (80,0 ml) i taką samą objętością uzupełniono do 100,0 ml.

Odczynnik kwasu dinitrozalicylowego (DNS)

Kwas 3, 5-DNS (1,0 g) został rozpuszczony w 20,0 ml 2N roztworu NaOH (wolnego od węglanów). Do tego dodano 50,0 ml wody destylowanej oraz winianu sodowo-potasowego (30,0 g). Następnie objętość całkowitą uzupełniono wodą destylowaną do 100,0 ml. Roztwór był chroniony przed CO_2 i przechowywany w brązowej butelce.

Metoda

Wzorcowy roztwór glukozy (1,0gL-1) o stężeniu 0,1-0,5 ml pobrano w serii oznakowanych probówek i objętość uzupełniono wodą destylowaną do 0,5 ml. Do nich dodano odczynnik DNS Acid (0,5mL). Wszystkie były ogrzewane we wrzącej łaźni wodnej przez 5 minut i pozostawione do ochłodzenia pod bieżącą wodą z kranu. Następnie do każdej probówki dodawano wodę destylowaną (5.0 ml) i dobrze mieszano. Chłonność roztworu mierzono w spektrometrze (Spectronic 21D) przy długości fali 550nm. Ślepą próbę przygotowano, pobierając 0,5 ml wody destylowanej zamiast standardowego roztworu glukozy. Krzywa wzorcowa dla glukozy jest przedstawiona na rysunku 3.1.

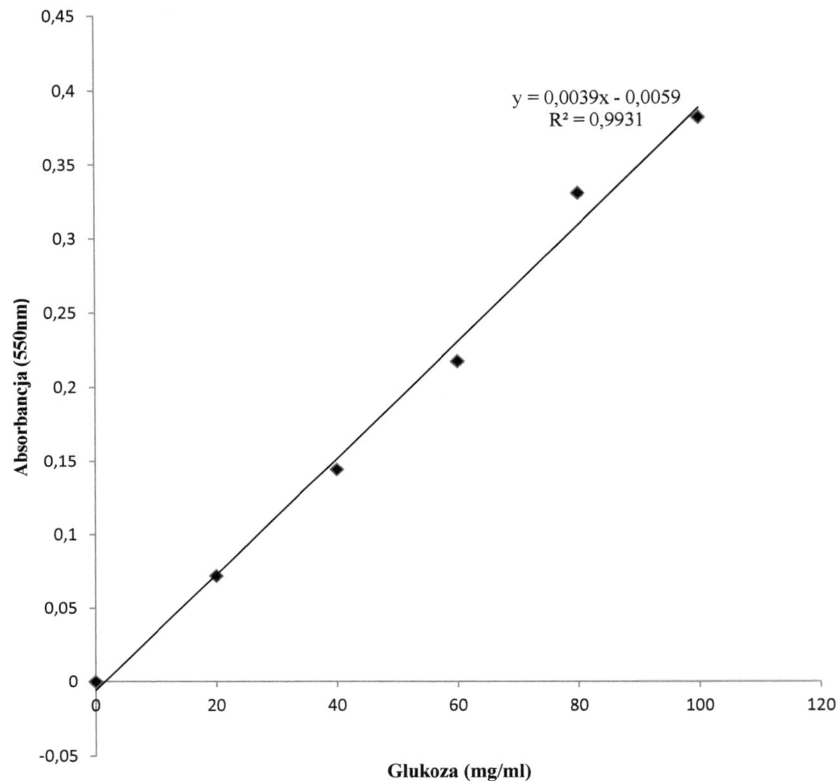

Rysunek 3. 1 Krzywa2 dla glukozy metodą kwasu dinitro-salicylowego (DNS).

3.2 Analiza enzymu

3.1.1 Określenie aktywności amyloglukozydazy

Materiał

Amyloglukozydazydazy

Spiritamylase (150 L), działalność 3300 U/mL, NOVO Industries, Dania.

Odczynniki

0,1 M Bufor octanowy - (pH 4,5)

Do 1,45 mL lodowatego kwasu octowego dodano 225 mL wody destylowanej i dostosowano pH do 4,5 za pomocą 4 M wodorotlenku sodu. Objętość uzupełniono wodą destylowaną do 250 mL.

2% (w/v) Roztwór skrobi

Skrobia (0,2 g) została rozpuszczona w 0,1 M buforze octanowym (pH 4,5) i objętość została uzupełniona do 10,0 ml tym samym buforem.

Definicja jednostki dla aktywności amyloglukozydazy

Jedną jednostkę aktywności amyloglukozydazy definiuje się jako ilość enzymu, która jest niezbędna do uwolnienia 1 mikromola glukozy (µmole) ze skrobi (2%, w/w) w ciągu jednej minuty przy pH 4,5 i 40°C.

Metoda

Amyloglukozydaza została odpowiednio rozcieńczona buforem octanu sodu (pH 4,5). Rozcieńczony enzym (0,25 ml) inkubowano wstępnie w temp. 40°C przez 3 minuty, mieszano z 0,25 ml 2% (w/v) roztworu skrobi i inkubowano w temp. 40°C przez 5 minut. Reakcję zatrzymano, dodając 0,5 ml roztworu kwasu DNS o stężeniu 0,5 mL. Kontrolę przygotowano poprzez dodanie enzymu po dodaniu roztworu kwasu DNS do roztworu skrobi. Produkowany cukier redukcyjny mierzono z wykorzystaniem krzywej wzorcowej dla glukozy (rysunek 3.1).

3.1.2 Określenie aktywności α-amylazy w trzustce

Materiał

Trzustkowa α-amylaza

Działalność 2900 U/mL, NOVO Industries, Dania.

Odczynniki

0,1M Kwas cytrynowy

Kwas cytrynowy (1,92 g) został rozpuszczony w wodzie destylowanej (80,0 ml) i taką samą objętością uzupełniono go do 100,0 ml.

0,2M Na2HPO4

Bezwodny Na2HPO4 (2,84 g) został rozpuszczony w wodzie destylowanej (80,0 ml), a jego objętość została uzupełniona do 100,0 ml tym samym.

0,02M Bufor cytrynianowo-fosforanowy (pH 5,0)

Zmieszano 0,1 M kwasu cytrynowego (24,3 mL) i 0,2M Na2HPO4 (25,7 mL), dostosowano pH do 5,0 i uzupełniono objętość całkowitą do 100 ml (0,076M). Roztwór następnie rozcieńczono do 0,02M.

2% (w/v) Roztwór skrobi

Skrobię (0,2 g) rozpuszczono w 0,02 M buforze cytrynianowo-fosforanowym (pH 5,0) o odpowiednim pH, utrzymując jej zawartość we wrzącej łaźni wodnej. Po całkowitym rozpuszczeniu zawartości, objętość została uzupełniona do 10,0 ml tym samym buforem.

Definicja jednostki dla aktywności α-amylazy

Jedna jednostka aktywności α-amylazodczynności jest definiowana jako ilość cukru redukującego (μg) produkowanego ze skrobi (2%, w/w) przez 1ml enzymu w ciągu jednej minuty przy pH 5,0 i 60°C.

Metoda

α-Amylaza została odpowiednio rozcieńczona 0,02M buforem cytrynianowo-fosforanowym (pH 5,0). Rozcieńczony enzym (0,25 ml) inkubowano wstępnie w temp. 60°C przez 3 minuty, mieszając go z 0,25 ml 20 gL-1 skrobi w buforze cytrynianowo-fosforanowym (pH 5,0) i inkubując w temp. 60°C przez 10 minut. Reakcję zatrzymano dodając 0,5 mL roztworu DNS. Zastosowana kontrola została przygotowana przez dodanie enzymu po roztworze DNS do roztworu skrobi. Produkowany cukier redukcyjny mierzono metodą DNS (Miller, 1959).

3.2 Analiza materiałów

3.2.1 Oszacowanie zawartości wilgoci

Zastosowano metodę AOAC (2002).

Metoda

Rozdrobnioną świeżą próbkę (5 g) dokładnie zważono za pomocą wagi elektronicznej w oczyszczonej, wysuszonej i zważonej petridish i wysuszono w temperaturze 80oC do uzyskania stałej masy. Po wysuszeniu pokrywa została umieszczona na petridish i natychmiast zważona w temperaturze pokojowej.

Procedurę tę stosowano w odniesieniu do wszystkich surowych bulw, takich jak ziemniak, maniok, pochrzyn słoniowy i próbki gotowanych bulw.

$$\text{Zawartość wilgoci (wb)} = \frac{\text{Masa świeża - Masa sucha}}{\text{Świeża waga}} \times 100\ \%$$

3.2.2 Oszacowanie zawartości skrobi nieodpornej w próbce żywności

Zastosowano procedurę opracowaną przez McCleary'ego i Monaghana (2002).

Zasada

Nieodporna skrobia z próbki żywności jest hydrolizowana jednocześnie z α- amylazą i amyloglukozydazą (AMG), które hydrolizują skrobię do glukozy.

Równoważna objętość etanolu jest dodawana w celu zatrzymania reakcji nie hydrolizowanej i wytrącania się [tj. skrobia odporna (RS)].RS może być oddzielona przez dwukrotne przemycie wodnym alkoholem etylowym (50%, v/v).Skrobia odporna może być oznaczona przez połączenie oryginalnego supernatantu i przemywania, dostosowanie objętości do 25 ml i pomiar zawartości glukozy przy użyciu odczynnika DNS.

Odczynniki

0,1 M Bufor maleinianu sodu (pH 6,0)

Kwas maleinowy (5,8 g) został rozpuszczony w 400 ml wody destylowanej, a pH zostało dostosowane do 6,0 za pomocą 4M (160 g/litr) wodorotlenku sodu. Dodano chlorek wapnia [(0,15 g) CaCl2,2H2O)] i 0,1 g azydku sodu, objętość uzupełniono do 500 ml i przechowywano w 4oC.

Roztwór amyloglukozydazy (300 U/mL)

Roztwór AMG (2 mL) rozcieńczono do 22 mL 0,1M buforem maleinianu sodu (pH 6,0) i przechowywano w temperaturze -20oC.

α-Amylaza i roztwór buforowy AMG

Trzustkową α- amylazę (1 g) zawieszoną w 100 mL buforu maleinianu sodu (pH 6,0) mieszano przez 5 min i mieszano z 1,0 mL AMG (300 U/mL). Po zmieszaniu roztwór odwirowywano w temperaturze 1500 g (3000 obr./min.) przez 10 min, a następnie dekantowano i stosowano supernatant.

50%(v/v) Etanol

Etanol (100%, 500mL) został rozcieńczony do 1 L z H2O i przechowywany w hermetycznej butelce.

Metoda

Mokre próbki, o wilgotności 60-80%, w probówkach z nakrętką ważyły 500mg zmielonych świeżych próbek. Do każdej probówki dodawano roztwór buforowy α-amylazy i AMG (4 mL). Zawartość probówek mieszano i inkubowano w kąpieli wodnej wytrząsarki (200 uderzeń na minutę), w temperaturze 37oC przez 16 godzin. Po 16h usunięto probówki i dodano 4,0 mL etanolu (99%), wymieszano energicznie na mieszadle wirowym i odwirowywano przy 1500 g (ok. 3000 obr/min) przez 10 min. Supernatant został starannie zdekantowany (supernatant A), a granulki ponownie zawieszono w 8ml 50% alkoholu etylowego, wymieszano i odwirowywano w temperaturze 1500 g przez 10 min. Supernatant został zdekantowany (supernatant B) i zabieg został powtórzony ponownie. Supernatanty dekantowano ostrożnie (supernatant C), a probówki odwracano na chłonnej bibule w celu odsączenia nadmiaru cieczy, a pozostały w probówce osad wykorzystywano do określenia zawartości RS (pkt 3.3.3). Supernatanty A, B i C zebrano w jedną całość, a ich objętość uzupełniono wodą destylowaną do 25 mL. Pobierano próbki zbiorcze (0,5 mL) i analizowano je pod kątem zawartości cukru redukującego (pkt 3.1.1).

Obliczenia

Skrobia nieodporna (g/100g suchej próbki)

= E × F × 25/0,5 × 1/1000 × 100/W × 162/180

Gdzie,

E = Absorbancja (reakcja) odczytana względem Pustej Płytki Odczynnika

F = Przeliczenie z absorbancji na mikrogramy [oznacza się absorbancję uzyskaną dla 100 μg glukozy w reakcji DNS i F = 100(μg glukozy) podzielone przez absorbancję DNS dla tych 100 μg glukozy].

25/0,5 = korekta objętości (0,5 ml pobrane z 25 ml)

1/1000 = Konwersja z mikrogramów na miligramy.

W = Sucha Masa analizowanej próbki

= waga "jak jest" × [(100-meblowa zawartość)/100]

100/W = Współczynnik przedstawiający RS jako procent masy próbki.

162/180 = Współczynnik do przeliczenia z wolnej glukozy, oznaczonej na bezwodną glukozę występującą w skrobi.

3.2.3 Oszacowanie zawartości odpornej skrobi w próbce żywnościs

Zasada

Nieodporna skrobia obecna w próbkach żywności została zhydrolizowana za pomocą α-amylazy i amyloglukozydazy (AMG), a pozostała skrobia została nazwana skrobią odporną. W ten sposób RS granulatu jest rozpuszczany w 2M KOH i neutralizowany za pomocą 1,2M buforu octanowego (pH 3,8), a skrobia jest ilościowo hydrolizowana do glukozy za pomocą AMG. Glukoza jest mierzona za pomocą odczynnika z kwasem DNS (3, 5 dinitrozalicylowym) i jest to miara zawartości RS w próbce.

Odczynniki

2M Wodorotlenek potasu

KOH (28,05 g) został rozpuszczony w 225 mL zdemineralizowanej wody, a jego objętość została uzupełniona do 500 litrów.

Roztwór amyloglukozydazy akrylowej (AMG)

AMG(12 ml, 3300 U/ml) zmieszano z gliceryną (50%,v/v).

1,2 M Bufor octanowy sodu (pH 3,8)

Do 200 ml wody destylowanej dodano lodowaty kwas octowy (17,4 ml, ciężar właściwy - 1,043 g/ml), a pH dostosowano do 3,8 przy użyciu 4M wodorotlenku sodu. Objętość uzupełniono wodą destylowaną do 250 ml.

Metoda

Granulki pozostały w probówkach po oznaczeniu zawartości non-RS (pkt 3.3.2) zostały ponownie zawieszone w 2 ml 2M KOH za pomocą pręta magnetycznego na 20min w łaźni lodowej. Następnie dodano 8ml 1,2 M buforu octanowo-sodowego (pH 3,8) i 0,1ml AMG (3300 U/ml), dobrze wymieszano i inkubowano w łaźni wodnej w temperaturze 50oC przez 30 minut z przerywanym mieszaniem. Zawartość probówek przeniesiono do kolby pomiarowej o pojemności 25 ml i uzupełniono wodą destylowaną do objętości 25 ml. Podwielokrotność (10 ml) roztworu odwirowywano przy 1500 g przez 10 min, a 0,5 ml podwielokrotności supernatantów (w trzech egzemplarzach) przenoszono do probówek, mieszano z 0,5 ml odczynnika DNS, a zawartość podgrzewano we wrzącej łaźni wodnej przez 5 min i natychmiast chłodzono. Następnie dodano 5 ml wody destylowanej i dobrze wymieszano w mikserze wirowym. Następnie odczytano barwę przy 550 nm ze ślepą próbą odczynnika. Ślepą próbę odczynnika przygotowano, pobierając 0,5 ml wody destylowanej zamiast próbki. Do oceny zawartości cukru redukującego (sekcja 3.1.1) zastosowano krzywą wzorcową dla glukozy.

Obliczenia

Skrobia odporna (g/100g suchej próbki)

= E × F × 25/0,5 × 1/1000 × 100 × 100/W × 162/180 (tak samo jak w sekcji 3.4.2)

Gdzie,

E = Absorbancja (reakcja) odczytana względem Pustej Płytki Odczynnika

F = Przeliczenie z absorbancji na mikrogramy [oznacza się absorbancję uzyskaną dla 100 μg glukozy w reakcji DNS i F = 100(μg glukozy) podzielone przez absorbancję DNS dla tych 100 μg glukozy].

25/0,5 = korekta objętości (0,5 ml pobrane z 25 ml)

1/1000 = Konwersja z mikrogramów na miligramy.

W = Sucha Masa analizowanej próbki

= waga "jak jest" × [(100-meblowa zawartość)/100]

100/W = Współczynnik przedstawiający RS jako procent masy próbki.

162/180 = Współczynnik do przeliczenia z wolnej glukozy, oznaczonej na bezwodną glukozę występującą w skrobi.

3.3 Metody przetwarzania bulw.

Metody przetwarzania zostały wybrane w oparciu o nasze metody gotowania. Zazwyczaj dostępne są różne metody obróbki termicznej. Obecnie gotowanie w kuchence mikrofalowej jest bardziej popularne w przypadku szybkiego gotowania. Gotowanie pod ciśnieniem wymaga znacznie mniej wody niż tradycyjne gotowanie (zagotowanie) i wymaga mniej energii niż gotowanie. Gotowanie na parze powoduje również, że potrawy są bardziej odżywcze niż gotowanie, ponieważ do wody wypłukuje się mniej składników odżywczych. Podczas gotowania pod ciśnieniem ulatnia się również mniej składników odżywczych. Podczas gotowania na parze łatwo jest uniknąć przypalenia lub przypalenia potraw. U niektórych osób wymaga to długiego czasu gotowania. Podczas długiego czasu obróbki traci się więcej składników odżywczych niż mniej. Czas obróbki związany jest jednak z indywidualnymi odczuciami smakowymi. Ilość zużywanej soli podczas gotowania, większy wpływ na stan zdrowia. W niniejszym badaniu wybrano cztery różne sposoby przetwarzania, które są następujące: przetwarzanie termiczne, czas przetwarzania, przetwarzanie schłodzone, interakcja z jonami do analizy skrobi odpornej.

3.3.1 Wybór bulw.

Materiały

Materiały zostały dobrane w oparciu o dostępność i preferencje konsumentów.

Ziemniak (*Solanum tuberosum*)

Cassava (*Manihot esculenta)*

Pochrzyn słoniowy (*Amorphophallus paeoniifolius)*

Tabela 3.1, botaniczne, tamilskie i odmiany wybranych próbek bulw

Bulwy	Nazwa botaniczna	Tamilska nazwa	Odmiana
Ziemniak	*Solanum tuberosum*	Urulaikilanku	Pakistan (Agria)
Cassava	*Manihot esculenta*	Maravalli	Lokalna (Alavaddy)
batat słoniowy	*Amorphophallus paeoniifolius*	Sattikaranai	Lokalna (Alavaddy)

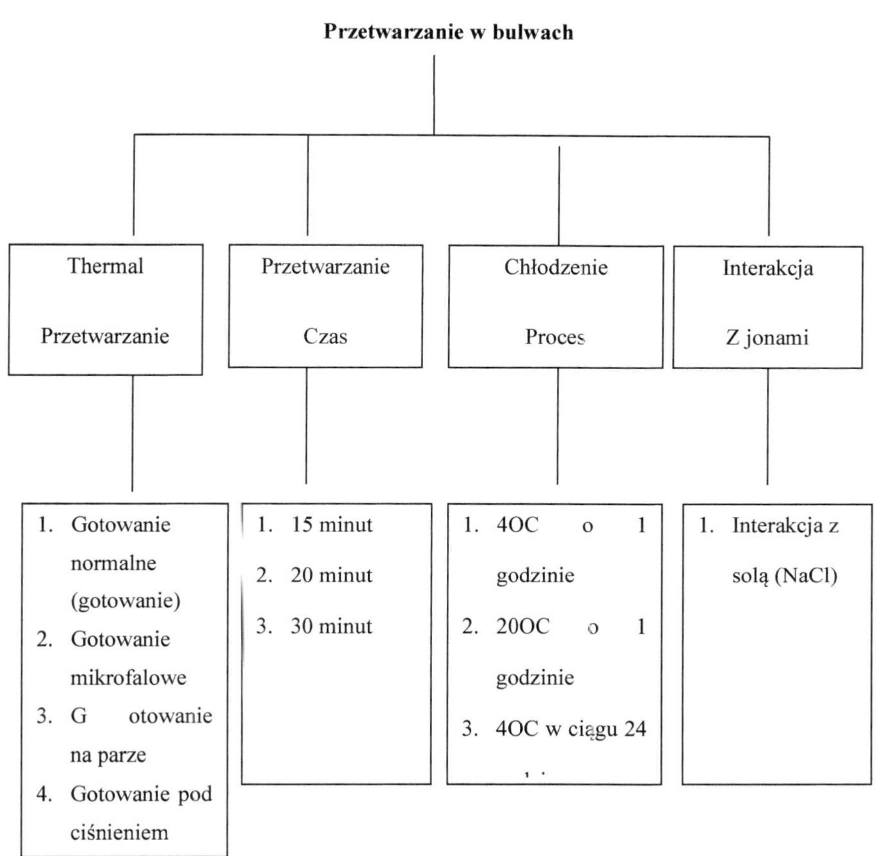

Rysunek 3. 3 wybranych bulw

3.3.2 Przygotowanie surowej próbki bulwy do analizy

Surowy ziemniak został obrany i pokrojony na małe kawałki. Małe kawałki były mielone przez moździerz i tłuczek. Do analizy pobrano 0,5 g próbki. Te same procedury powtórzono w przypadku próbek z manioku i batatów słoniowych.

3.3.3 Obróbka termiczna.

Normalne gotowanie (gotowane)

Przygotowanie gotowanej próbki

Świeży ziemniak został dobrze umyty w wodzie z kranu, a skórka została wyraźnie obrana. Następnie ziemniaka pokrojono na małe kawałki i gotowano przez 20 minut. Po ugotowaniu dokładnie obliczono masę ugotowanej próbki ziemniaka i masę odsączonej wody. Ugotowaną próbkę podzielono na dwie równe części, a odsączoną wodę na dwie równe części. Jedną porcję ugotowanej i jedną porcję odsączonej wody wymieszano, a próbkę wymieszaną wykorzystano do oznaczenia skrobi odpornej i nieodpornej. Wyrównaną porcję ugotowanej próbki wykorzystano do określenia wilgotności ziemniaków normalnych (gotowanych). Te same procedury powtórzono w przypadku próbek z manioku i batatów słoniowych.

Gotowanie pod ciśnieniem

Przygotowanie próbki gotowanej pod ciśnieniem

Świeży ziemniak został dobrze umyty w wodzie z kranu, a skórka została wyraźnie obrana. Następnie ziemniaki pokrojono na małe kawałki i gotowano je w szybkowarze przez 5 minut. Po ugotowaniu przeprowadzono procedurę przygotowania normalnej ugotowanej (zagotowanej) próbki w celu przygotowania próbki pod ciśnieniem. Te same procedury powtórzono w przypadku próbek z manioku i batatów słoniowych.

Gotowanie na parze

Przygotowanie próbki gotowanej na parze

Świeży ziemniak został dobrze umyty w wodzie z kranu, a skórka została wyraźnie obrana. Następnie ziemniaka pokrojono na małe kawałki i gotowano na parze przez 10 minut. Po ugotowaniu dokładnie obliczano masę ugotowanego ziemniaka. Ugotowaną próbkę podzielono na dwie równe części. Jedną porcję ugotowanej próbki wykorzystano do oznaczenia skrobi odpornej i nieodpornej. Do określenia wilgotności ziemniaka na parze użyto zbilansowanej porcji ugotowanej próby. Te same procedury powtórzono w przypadku próbek z manioku i batatów słoniowych.

Gotowanie mikrofalowe

Przygotowanie próbki gotowanej na kuchence mikrofalowej

Świeży ziemniak został dobrze umyty w wodzie z kranu, a skórka została wyraźnie obrana. Następnie ziemniaka pokrojono na małe kawałki i ugotowano w piecu mikrofalowym (ustawionym na tryb ziemniaczany).

Po ugotowaniu przeprowadzono procedurę przygotowania ugotowanej (zagotowanej) normalnej próbki w celu przygotowania ugotowanej próbki mikrofalowej. Te same procedury powtórzono w przypadku próbek manioku i batatów słoniowych.

3.3.4 Obróbka w czasie przetwarzania

Do oznaczania zawartości skrobi odpornej i nieodpornej wybrano gotowanie normalne dla ziemniaków o różnym czasie przetworzenia. Ponieważ wszystkie wyniki przetwarzania są porównywane z metodą normalnego gotowania (gotowania).

Przygotowanie różnych próbek czasu przetwarzania do analizy

Procedurę stosowaną przy przygotowywaniu próby ziemniaków o normalnym czasie gotowania (gotowanych) stosowano przy przygotowywaniu próby ziemniaków o różnym czasie przetworzenia, ale o trzech różnych czasach gotowania, takich jak 15 minut, 20 minut, 30 minut. Te same procedury powtórzono w przypadku próbek z manioku i batatów słoniowych.

3.3.5 Procesy chłodzenia

Przygotowanie próbki

Świeży ziemniak został dobrze umyty w wodzie z kranu, a skórka została wyraźnie obrana. Następnie ziemniaka pokrojono na małe kawałki i gotowano przez 20 minut. Po ugotowaniu dokładnie obliczono masę ugotowanej próbki ziemniaka i masę odsączonej wody. Ugotowaną próbkę podzielono na cztery równe części, a odsączoną wodę na cztery równe części.

Jedna porcja ugotowanej próbki i jedna porcja odsączonej wody zostały wymieszane, a wymieszaną próbkę przechowywano w lodówce przez 1 godzinę w temperaturze 4OC. Pozostałe próbki były przechowywane w następujący sposób: 1 godzina w temperaturze 20OC i 24 godziny w temperaturze 4OC oraz 24 godziny w temperaturze 20OC. Po schłodzeniu każda próbka była przechowywana w temperaturze pokojowej do analizy. Te same procedury powtórzono w przypadku próbek manioku i batatów słoniowych.

3.3.6 Interakcja z jonami

Normalne gotowanie (zagotowane) z solą (NaCl)

Przygotowanie próbki

Procedurę stosowaną przy przygotowywaniu próby ziemniaków normalnie gotowanych (zagotowanych) zastosowano przy przygotowywaniu próby ziemniaków normalnie gotowanych z solą (NaCl). W czasie gotowania do próby ziemniaków dodano odpowiednią ilość (jako składnika smakowego) soli (NaCl). Te same procedury powtórzono w przypadku próby z manioku i batatów słoniowych.

3.4 Oznaczanie zawartości odpornej skrobi w bulwach surowych i przetworzonych

Surowe i różnie przetworzone (termicznie, czasowo, chłodząco-chłodząc, interakcja jonów) bulwy (ziemniak, maniok, batat słoniowy) analizowano osobno na skrobię nieodporną (pkt 3.3.2) i odporną (pkt 3.3.3).

3.5 Analiza statystyczna.

Wszystkie eksperymenty zostały przeprowadzone w trzech egzemplarzach.

Wyniki wyrażono za pomocą wartości ± odchylenia standardowe trzech oddzielnych oznaczeń. Porównanie średnich zostało przeprowadzone za pomocą CRD (Complete Randomized Design), a następnie przy użyciu pakietu SAS (Statistical Analysis System) w wersji 9.1 oraz MS -Excel 2007. Poza tym istotne różnice zostały oszacowane na 95% przedziału poufności ($P<0,05$).

ROZDZIAŁ CZWARTY

4 WYNIKI I DYSKUSJA

Skrobia, która jest głównym źródłem węglowodanów w diecie, jest najobfitszym składnikiem polisacharydów w roślinach. Frakcja skrobi, która nie jest w pełni trawiona i wchłaniana w jelicie cienkim, które jest odporne na skrobię. Różnorodność nowoczesnego przemysłu spożywczego i technologii oraz ogromne ilości produktów spożywczych i przetwórstwa zmieniają oporną zawartość skrobi w żywności. Jednak próbki surowe, w skład których wchodzą surowe bulwy, mają bardziej odporną zawartość skrobi w porównaniu z próbkami poddanymi różnym procesom przetwarzania. Do badań wybrano trzy bulwy zawierające ziemniaki, maniok i batat słoniowy. W tych próbkach bulw analizowano zawartość skrobi odpornej i nieodpornej. Były one analizowane zgodnie z procedurą opracowaną przez McCleary'ego i Monaghana (2002). Jest ona prosta, dobrze wyjaśnia procedurę i została zaakceptowana zarówno przez stowarzyszenia AOAC jak i AACC. Zawartość skrobi odpornej i nieodpornej była analizowana metodą enzymatyczną, która wykorzystuje enzymy amyloglukozydazy i α- amylazy trzustkowej. Metoda ta jest bardziej zaawansowaną i dokładniejszą metodą oznaczania opornej skrobi i zawartości skrobi nieodpornej w próbkach żywności. Zawartość skrobi odpornej w próbkach przetwarzanych różnymi metodami porównywano z próbkami surowymi i gotowanymi (normalnego gotowania). Do badań wybrano cztery różne sposoby obróbki, które obejmują różne sposoby obróbki cieplnej, różne czasy obróbki, różne temperatury przechowywania i interakcje z jonami. W trakcie przetwarzania, jeśli jedna obróbka przetwarzana brana pod uwagę do analizy i inne czynniki były utrzymywane w tym samym stanie, a także była brana pod uwagę smakowitość każdej przetworzonej próbki.

4.1 Skrobia odporna, skrobia nieodporna, skrobia całkowita i wilgotność wybranych bulw surowych.

Do badań wybrano ziemniaki, maniok i batat słoniowy na podstawie ich dostępności i preferencji konsumentów. Tabela 4.1 pokazuje, że skrobia odporna, skrobia nieodporna, skrobia całkowita i wilgotność wybranych bulw surowych. Najwyższą całkowitą zawartość skrobi zaobserwowano w ziemniakach w porównaniu z pochrzynami z manioku i słonia podeszwowego. Całkowita zawartość skrobi w próbkach ziemniaka, manioku i batatu słoniowego wynosiła odpowiednio 83,82 (±0,35), 69,12 (±0,60), 75,96 (±0,12) g/100g suchej próby. Największą odpornością na skrobię charakteryzował się batat słoniowy [26,66(±0,53) g/100g suchej próby], następnie ziemniak [26,05(±0,18) g/100g suchej próby] i maniok cassava [12,64(±0,76) g/100g suchej próby]. Ziemniak i batat słoniowy zawierały podobną ilość odpornej skrobi i obie zawierają większą ilość odpornej skrobi w porównaniu z maniokiem cassava. Pochrzyn słoniowy jest popularny na Sri Lance, w Indiach i innych krajach azjatyckich. Ale w krajach europejskich nie jest to bardzo popularne, ponieważ ignam "stopa słoniowa" zawiera związki alergiczne.

Tabela 4.1, skrobia nieodporna, skrobia całkowita i wilgotność wybranych bulw surowych

Próbki surowe				
Bulwa	**Wilgoć (%)**	**Odporny Skrobia (%)***	**Nieodporny Skrobia (%)***	**Razem Skrobia (%)***
Ziemniak	82.12(±0.08)[a]	26.05(±0.18)[a]	57.32(±3.11)[a]	83.82(±0.35)[a]
Cassava	55.28(±0.87)[c]	12.64(±0.76)[b]	56.48(±1.36)[b]	69.12(±0.60)[c]
Batonik słoniowy	80.33(±0.24)[b]	26.66(±0.53)[a]	49.30(±1.19)[c]	75.96(±0.12)[b]

Średnia z wartości ±SD. (odchylenie standardowe) (n=3). Różne litery pomiędzy zabiegami wykazują znaczną różnicę (P< 0,05). * Na podstawie suchej masy.

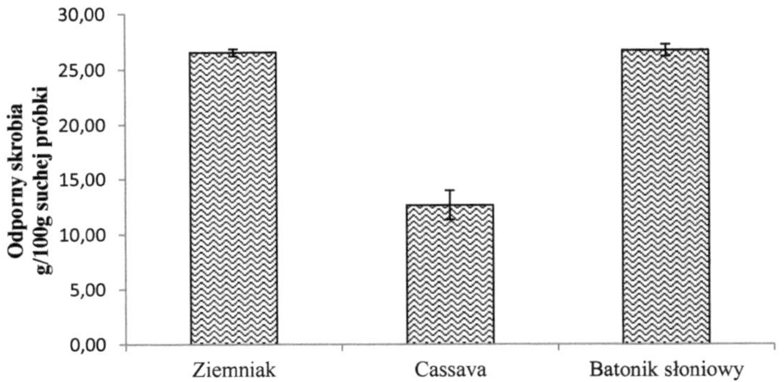

Rysunek 4.1 Zawartość skrobi oporowej w wybranych bulwach surowych

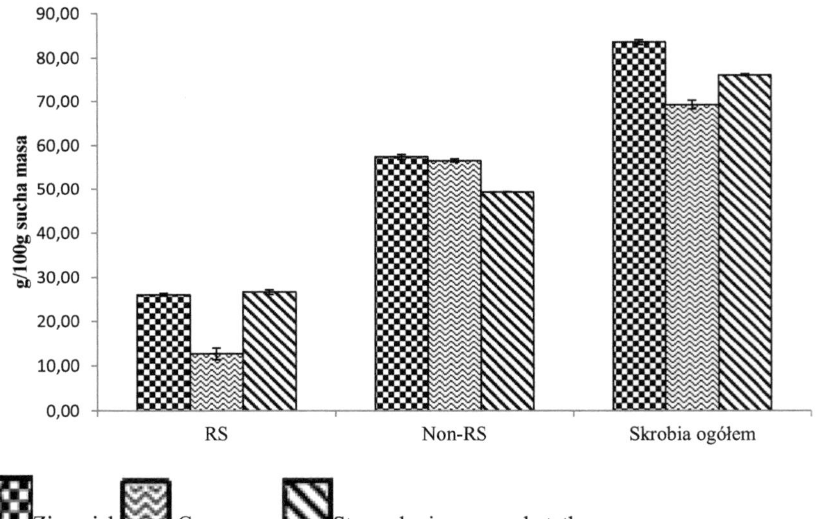

Ziemniak Cassava Stopa słonia batatka

Rysunek 4.2, skrobia nieodporna i całkowita zawartość skrobi w wybranych bulwach surowych

4.2 Obróbka termiczna

4.2.1 Wpływ różnych metod obróbki termicznej na zawartość odpornej skrobi w ziemniaku.

Do badań wybrano cztery różne metody obróbki cieplnej, takie jak normalne gotowanie (gotowanie na parze), gotowanie pod ciśnieniem i gotowanie w kuchence mikrofalowej. Gotowanie na parze, gotowanie ciśnieniowe i mikrofalowe pomaga w produkcji skrobi odpornej w porównaniu z gotowaniem normalnym (gotowaniem). W tabeli 4.2 przedstawiono zawartość skrobi odpornej i nieodpornej w ziemniakach produkowanych różnymi metodami obróbki termicznej. Najwyższą odpornością na skrobię wykazały ziemniaki gotowane na parze [7,94(±0,30) g/100g suchej próbki], następnie gotowane pod ciśnieniem [7,08(±0,03) g/100g suchej próbki], gotowane w kuchence mikrofalowej [6,73(±0,30) g/100g suchej próbki] oraz ziemniaki normalne [5,58(±0,23) g/100g suchej próbki] na podstawie masy próbki gotowanej.

Jeśli opiera się to na początkowej masie próbki, najwyższą odporną zawartość skrobi zaobserwowano w próbce gotowanej na parze [7,70(±0,29)g/100g suchej próbki], a następnie w mikrofalówce gotowanej [7,40(±0,34) g/100g suchej próbki], ciśnieniowo gotowanej [6,44(±0,02) g/100g suchej próbki] i normalnej gotowanej [4,82(±0,20) g/100g suchej próbki]. W trakcie obróbki termicznej 21,45% - 30,47% skrobi odpornej (w przeliczeniu na suchą masę) zmniejsza się w porównaniu z próbką ziemniaka surowego z powodu retrogradacji skrobi amylozy podczas ogrzewania. Podczas ogrzewania, w obecności wody, amyloza w granulce pęcznieje; struktura krystaliczna amylopektyny rozpada się i granulka pęka. Łańcuchy polisacharydowe przyjmują przypadkową konfigurację, powodując puchnięcie skrobi i zagęszczenie otaczającej ją matrycy, np. żelatynizacja - proces, który sprawia, że skrobia jest łatwo strawna (Sajilata *i in.*, 2005).

Tabela 4.2 Zawartość skrobi odpornej i nieodpornej w ziemniakach przetwarzanych różnymi metodami obróbki termicznej

Obróbka termiczna	Na podstawie masy próbki gotowanej		Na podstawie początkowej masy próbki	
	RS (%)*	Non-RS (%)*	RS (%)*	Non-RS (%)*
Normalne gotowanie	5.58(±0.23)^{b}	79.10(±1.08)^{a}	4.82(±0.20)^{b}	68.38(±0.93)^{a}
Gotowanie	6,73(±0,30)^{ba}	66.93(±0.64)^{b}	7,40(±0,34)^{ba}	75.63(±0.73)^{b}
mikrofalowe	7.94(±0.30)^{a}	72.86(±0.83)^{b}	7.70(±0.29)^{a}	70.73(±0.81)^{b}
Gotowanie na parze	7.08(±0.03)^{a}	71.18(±1.37)^{b}	6.44(±0.02)^{a}	64.75(±1.25)^{b}
Gotowanie pod ciśnieniem				

Średnia z wartości ±SD. (odchylenie standardowe) (n=3). Różne litery pomiędzy zabiegami wykazują znaczną różnicę ($P < 0,05$). *Na podstawie suchej masy.

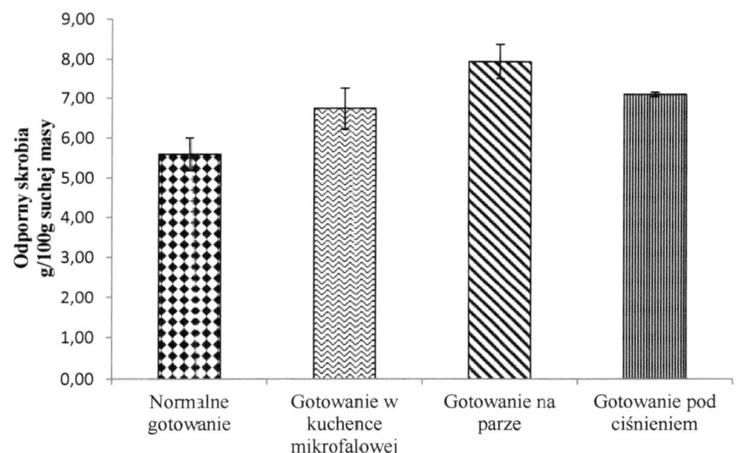

Rysunek 4.3 Zawartość skrobi w ziemniakach przetwarzanych różnymi metodami obróbki termicznej

.

4.2.2 Wpływ różnych metod obróbki termicznej na zawartość odpornej skrobi w manioku.

Całkowita zawartość skrobi w surowej maniokowatej jest mniejsza w porównaniu z batatami ziemniaczanymi i słoniowymi. W tabeli 4.3 przedstawiono zawartość skrobi odpornej i nieodpornej w surowej maniokowatej przetwarzanej różnymi metodami obróbki termicznej. Najwyższą zawartość skrobi odpornej zaobserwowano w próbkach ugotowanych w mikrofalówce [5,95 (±0,01) g/100 g suchej próbki], następnie ugotowanych pod ciśnieniem [5,53 (±0,21) g/100g suchej próbki], ugotowanych na parze [5,03 (±0,08) g/100g suchej próbki] i normalnych ugotowanych [4,13 (±0,27) g/100g suchej próbki] na podstawie masy ugotowanej próbki. Jeśli opiera się to na początkowej wadze próbki, najwyższą odporność na skrobię zaobserwowano w próbkach przygotowanych w mikrofalówce [5.70 (±0.01) g/100g suchej próbki], następnie gotowanych na parze [5.26 (±0.08) g/100g suchej próbki], gotowanych pod ciśnieniem [4.95 (±0.19) g/100g suchej próbki] oraz próbkach normalnych [3.61 (±0.24) g/100g suchej próbki]. Próbki gotowane lub normalne mają najniższy poziom zawartości skrobi odpornej w porównaniu z próbkami gotowanymi innymi metodami obróbki termicznej.

4.2.3 Wpływ różnych metod obróbki termicznej na zawartość odpornej skrobi w pochwie słoniowej.

Surowy ziemniak i surowy batat z łapki słoniowej mają podobny poziom odporności na skrobię. W tabeli 4.4 przedstawiono zawartość skrobi odpornej i nieodpornej w pochrzynu z łapki słoniowej przetwarzanym różnymi metodami obróbki termicznej. Najwyższą zawartość skrobi odpornej zaobserwowano w próbkach gotowanych na parze [7,44 (±0,39) g/100g suchej próbki], następnie w próbkach gotowanych w mikrofalówce [6,48 g/100g suchej próbki], gotowanych pod ciśnieniem [6,27 (±0,15) g/100g suchej próbki] oraz w próbkach normalnych [5,89 (±0,29) g/100g suchej próbki] na podstawie masy próbki gotowanej.

Jeśli opiera się to na początkowej wadze próbki, najwyższą odporność na skrobię zaobserwowano w próbkach gotowanych na parze [7,48 (±0,39) g/100g suchej próbki], następnie gotowanych w kuchence mikrofalowej [6,07 g/100g suchej próbki], gotowanych pod ciśnieniem [5,80 (±0,15) g/100g suchej próbki] i normalnych [4,75 (±0,29) g/100g suchej próbki]. Badania nad wpływem różnych rodzajów obróbki cieplnej (gotowanie normalne, mikrofalowe, ciśnieniowe i parowe) na tempo hydrolizy wykazały wzrost ilości skrobi strawnej i spadek ilości skrobi odpornej w porównaniu z surowymi bulwami (Geng *et.al.*, 2003). Jednakże zawartość skrobi opornej w próbkach przetwarzanych przy użyciu innych metod obróbki cieplnej była wyższa w porównaniu z próbkami gotowanymi normalnie.

Na rysunku 4.4 pokazano odporną zawartość skrobi w manioku przetworzonym różnymi metodami obróbki termicznej. Każdą z metod obróbki termicznej manioku porównano z innymi metodami obróbki termicznej.

Podobnie rysunek 4.5 przedstawia zawartość odpornej skrobi w pochrzynu słoniowo-podstawowym przetwarzanym różnymi metodami obróbki termicznej.

Na rysunku 4.6 pokazano odporną zawartość skrobi w wybranych bulwach przetwarzanych różnymi metodami. Wśród różnych metod przetwarzania termicznego ugotowane na parze próbki ziemniaka i pochrzynu słoniowego zachowały maksymalną ilość skrobi odpornej. W porównaniu z innymi metodami przetwarzania, w próbkach z mikrofalowo gotowanej manioku zachowano maksymalną ilość skrobi odpornej.

Tabela 4.3 Zawartość skrobi odpornej i nieodpornej w manioku przetworzonym różnymi metodami obróbki termicznej

Obróbka termiczna	**Na podstawie masy próbki gotowanej**		**Na podstawie początkowej masy próbki**	
	RS (%)*	**Non-RS (%)***	**RS (%)***	**Non-RS (%)***
Normalne gotowanie	4.13(±0.27)^{b}	62.07(±0.76)^{b}	3.61(±0.24)^{b}	54.35(±0.66)^{b}
Gotowanie	5.95(±0.01)^{a}	46.42(±0.20)^{d}	5.70(±0.01)^{a}	44.52(±0.19)^{d}
mikrofalowe	5.03(±0.08)^{ab}	54.34(±0.31)^{a}	5.26 (±0.08)^{ab}	56.77(±0.32)^{a}
Gotowanie na parze	5,53(±0,21)^{ba}	64.70(±1.18)^{c}	4,95(±0,19)^{ba}	57.97(±1.06)^{c}
Gotowanie pod ciśnieniem				

Średnia z wartości ±SD. (odchylenie standardowe) (n=3). Różne litery pomiędzy zabiegami wykazują znaczną różnicę (P< 0,05). * Na podstawie suchej masy.

Tabela 4.4 Zawartość skrobi odpornej i nieodpornej w pochrzynu słoniowo-podstawowym przetwarzanym różnymi metodami obróbki termicznej

Obróbka termiczna	Na podstawie masy próbki gotowanej		Na podstawie początkowej masy próbki	
	RS (%)*	Non-RS (%)*	RS (%)*	Non-RS (%)*
Normalne gotowanie	5.89(±0.36)^{b}	70.26(±2.46)^{a}	4.75(±0.29)^{b}	56.66(±1.99)^{a}
Gotowanie	6,48(±0,20)^{ba}	65.64(±2.74)^{a}	6.07(±0.18)^{ba}	61.57(±2.57)^{a}
mikrofalowe	7.44(±0.39)^{a}	56.62(±0.38)^{b}	7.48(±0.39)^{a}	56.91(±0.38)^{b}
Gotowanie na parze	6,27(±0,17)^{ba}	65.31(±1.07)^{a}	5,80(±0,15)^{ba}	60.64(±0.99)^{a}
Gotowanie pod ciśnieniem				

Średnia z wartości ±SD. (odchylenie standardowe) (n=3). Różne litery pomiędzy zabiegami
wykazują znaczną różnicę (P< 0,05). * Na podstawie suchej masy.

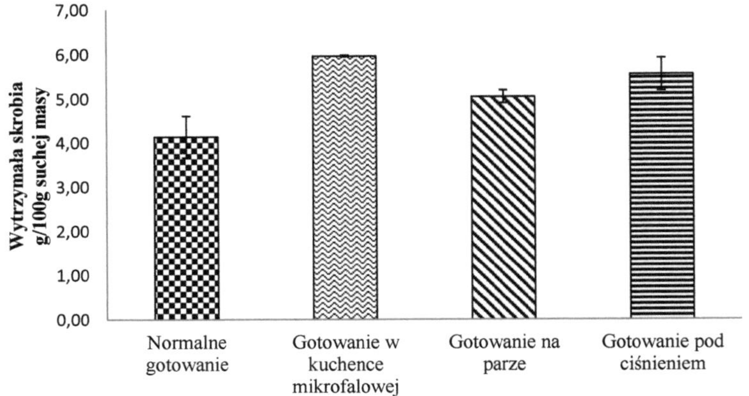

Rysunek 4.4 Zawartość skrobi oporowej w manioku przetworzonym różnymi metodami obróbki termicznej

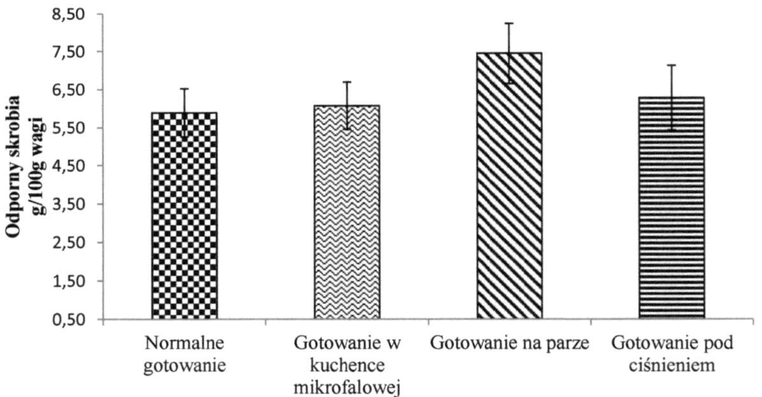

Rysunek 4.5 Zawartość skrobi oporowej w pochrzynu słoniowo-podstawowym przetwarzanym różnymi metodami obróbki termicznej

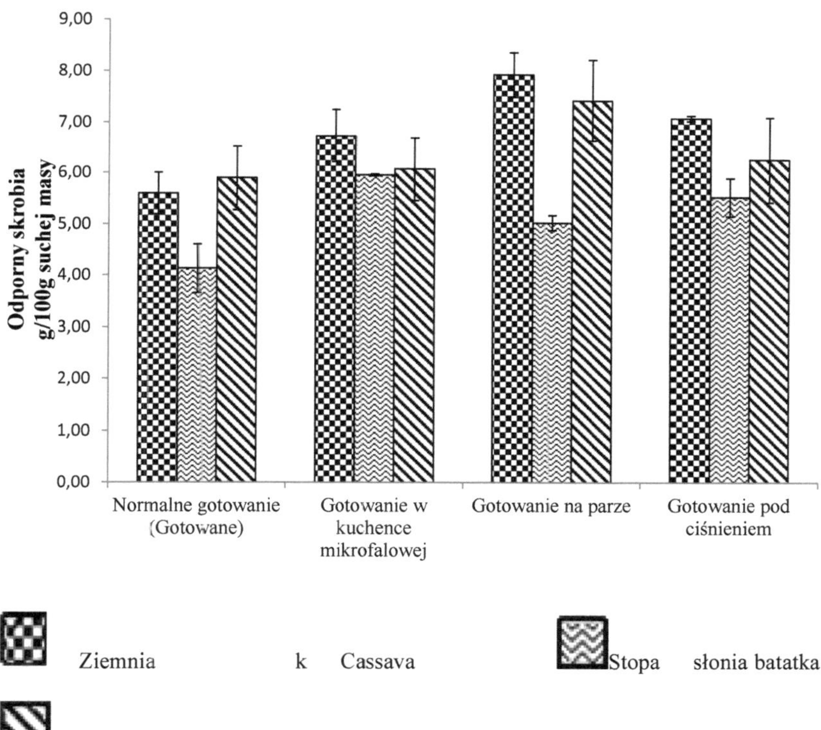

Rys. 4.6 Zawartość skrobi7 w wybranych bulwach przetworzonych różnymi metodami obróbki termicznej

4.3 Czas przetwarzania

Czas przetwarzania wpływa na odporność zawartości skrobi w bulwach. Dłuższy czas przetwarzania zmniejsza zawartość skrobi odpornej w wielu próbkach żywności. Krótszy czas przetwarzania przyczynia się do zachowania bardziej odpornej skrobi. Podczas długiego czasu przetwarzania ilość strawionej skrobi wzrasta w jelicie cienkim ze względu na większą hydrolizę skrobi. Żelatynizacja granulek skrobi przez długi czas obróbki cieplnej silnie wpływa na ich podatność na hydrolizę enzymatyczną i zmniejsza zawartość skrobi odpornej (Sajilata *i in.*, 2005). W badaniach termicznych bulwy przetwarzano różnymi metodami, a zawartość skrobi odpornej porównywano z próbkami gotowanymi metodami normalnymi. Do analizy czasu przetwarzania wybrano bulwy ugotowane normalnymi metodami. W badaniach tych wybrano bulwy ugotowane normalną metodą dla różnych czasów przetwarzania, takich jak 15, 20 i 30 minut. Krótszy czas przetwarzania, krótszy niż 15 minut, zmniejsza smakowitość bulw. Jednak zawartość odpornej skrobi w bulwach jest wysoka. Biorąc pod uwagę czynnik smakowitości, do badań wybrano bulwy gotowane dłużej niż 15 minut.

4.3.1 Wpływ czasu przetwarzania na zawartość odpornej skrobi w ziemniaku.

Wybrano różne czasy obróbki, takie jak 15, 20 i 30 minut, w celu określenia zawartości odpornej skrobi w ziemniaku. W tabeli 4.5 przedstawiono zawartość skrobi odpornej i nieodpornej w próbce ziemniaka gotowanej w stanie normalnym Największą odporność na skrobię stwierdzono w próbkach ziemniaka gotowanych przez 15 minut [5,79 g/100g suchej próby], a następnie w próbkach gotowanych przez 20 minut [5,55 g/100g suchej próby], odpowiednio 30 minut. 5,55 g/100 g suchej próbki] na podstawie masy próbki gotowanej. Wraz ze wzrostem czasu obróbki zmniejsza się również oporność skrobi. Jeżeli w oparciu o próbkę o masie początkowej, 15 minut dało najbardziej odporną skrobię [5,14 g/100g suchej próbki], a następnie 20 minut [4,81 g/100g suchej próbki] i 30 minut [4,81 g/100g suchej próbki]. Na rysunku 4.7 pokazano, że różny czas przetwarzania określa zawartość odpornej skrobi w ziemniakach.

Tabela 4.5 Zawartość skrobi odpornej i nieodpornej w próbkach normalnych gotowanych ziemniaków przetworzonych w różnym czasie przetwarzania

Czas przetwarzania	Na podstawie masy próbki gotowanej		Na podstawie początkowej masy próbki	
	RS (%)*	Non-RS (%)*	RS (%)*	Non-RS (%)*
15 minut	5.79(±0.22)[a]	76.58(±0.24)[a]	5.14(±0.19)[a]	68.00(±0.21)[a]
20 minut	5.55(±0.17)[a]	72,37(±3,06)[ba]	4.81(±0.15)[a]	62,78(±2,66)[ba]
30 minut	5.55(±0.35)[a]	77.47(±0.93)[b]	4.81(±0.31)[a]	67.20(±0.81)[a]

Średnia z wartości ±SD. (odchylenie standardowe) (n=3). Różne litery pomiędzy zabiegami wykazują znaczną różnicę (P< 0,05). *Na podstawie suchej masy.

4.3.2 Wpływ czasu przetwarzania na zawartość odpornej skrobi w manioku.

W tabeli 4.6 przedstawiono zawartość skrobi odpornej i nieodpornej w normalnej gotowanej maniokowatej przetwarzanej w różnym czasie. Najwyższą odporność na skrobię zaobserwowano w próbkach gotowanych przez 15 minut [5,48 g/100g suchej próbki], następnie w próbkach gotowanych przez 20 minut [3,67 g/100g suchej próbki] i odpowiednio 30 minut [3,50 g/100g suchej próbki]. Wartości te zostały obliczone na podstawie masy gotowanej próbki.

Jeżeli wartości te opierają się na próbce o masie początkowej, próbki gotowane przez 15 minut dawały najbardziej odporną skrobię [4,85 g/100g suchej próbki], a następnie próbki gotowane odpowiednio przez 20 minut [3,26 g/100g suchej próbki] i 30 minut [3,08 g/100g suchej próbki]. W środowisku o wysokiej zawartości wilgoci i długim czasie przetwarzania amylaza wypłukuje z granulek, zwiększając rozpuszczalność skrobi, a tym samym jej podatność (Holm i inne 1988). Jeśli zwiększa się rozpuszczalność skrobi, prowadzi to do zmniejszenia jej opornej zawartości. Poziom zawartości skrobi opornej w manioku różnił się istotnie między próbkami przetwarzanymi przez 15 minut i 20 minut. Jednak zawartość skrobi odpornej w próbkach przetwarzanych przez 20 i 30 minut jest mniejsza niż w próbkach przetwarzanych przez 20 i 30 minut. Na rysunku 4.8 pokazano wpływ różnych czasów przetwarzania na zawartość skrobi odpornej w manioku.

4.3.3 Wpływ czasu przetwarzania na zawartość RS w pochrzynu słoniowej stopy.

Tabela 4.6 wskazuje wpływ czasu przetwarzania na zawartość skrobi odpornej i nieodpornej w pochrzynu słoniowym. Najwyższą zawartość skrobi odpornej w normalnym gotowanym pochrzynu słoniowym zaobserwowano w próbkach gotowanych przez 15 minut [6,98 g/100g suchej próbki], a następnie odpowiednio przez 20 minut [5,79 g/100g suchej próbki], 30 minut [4,69 g/100g suchej próbki].

Wartości te zostały obliczone na podstawie masy próbki gotowanej. Jeśli opiera się to na początkowej masie próbki, to w przypadku próbek przetwarzanych przez 15 minut uzyskano najwyższą oporność na skrobię [6,51 g/100g suchej próbki], a następnie próbki przetwarzane przez 20 minut [5,19 g/100g suchej próbki] i 30 minut [3,83 g/100g suchej próbki]. Gdy czas obróbki wzrasta, wzrasta poziom hydrolizy skrobi. W związku z tym zwiększa się fermentacja enzymatyczna części skrobi i zmniejsza się oporna część skrobi. Na rysunku 4.9 pokazano wpływ różnych czasów przetwarzania na zawartość odpornej skrobi w pochrzynie słoniowym.

Tabela 4.6 Zawartość skrobi odpornej i nieodpornej w normalnych ugotowanych próbkach manioku przetworzonych według różnych czasów przetwarzania

Czas przetwarzania	Na podstawie masy próbki gotowanej		Na podstawie początkowej masy próbki	
	RS (%)*	Non-RS (%)*	RS (%)*	Non-RS (%)*

15 minut	5.48(±0.04)[a]	53.54(±0.24)[b]	4.85(±0.04)[a]	47.37(±0.21)[b]
20 minut	3.67(±0.38)[b]	54.35(±0.11)[b]	3.26(±0.34)[b]	48.22(±0.10)[b]
30 minut	3.50(±0.03)[b]	57.98(±0.20)[a]	3.08(±0.02)[b]	51.02(±0.18)[a]

Średnia z wartości ±SD. (odchylenie standardowe) (n=3). Różne litery pomiędzy zabiegami wykazują znaczną różnicę (P< 0,05). * Na podstawie suchej masy.

Tabela 4.7 Zawartość skrobi odpornej i nieodpornej w normalnym gotowanym pochrzynie słoniowym z łapkami przetworzonym w różnym czasie przetwarzania

Czas przetwarzania	Na podstawie masy próbki gotowanej		Na podstawie początkowej masy próbki	
	RS (%)*	Non-RS (%)*	RS (%)*	Non-RS (%)*
15 minut	6.98(±0.44)[a]	66,20(±0,93)[ab]	6.51(±0.45)[a]	61,78(±0,86)[ab]
20 minut	5,79(±0,07)[ba]	72.45(±3.99)[a]	5,19(±0,07)[ba]	64.92(±3.58)[a]
30 minut	4.69(±0.48)[b]	61.82(±3.30)[b]	3.83(±0.39)[b]	50.51(±2.69)[b]

Średnia z wartości ±SD. (odchylenie standardowe) (n=3). Różne litery pomiędzy zabiegami wykazują znaczną różnicę (P< 0,05). * Na podstawie suchej masy.

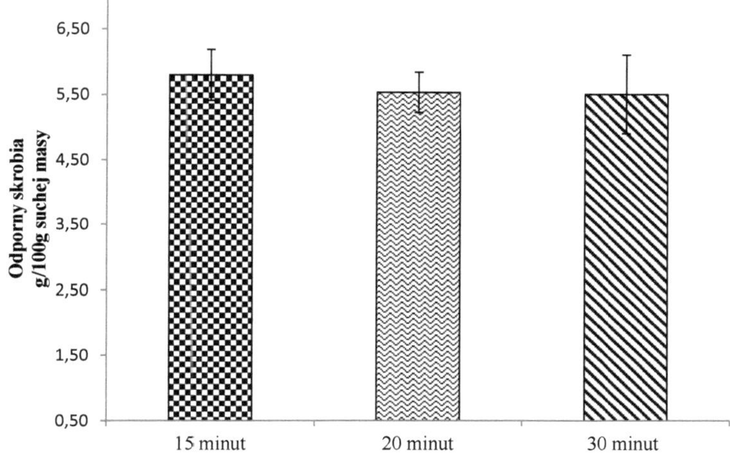

Rysunek 4.8 różnych czasów przetwarzania na zawartość odpornej skrobi w ziemniaku

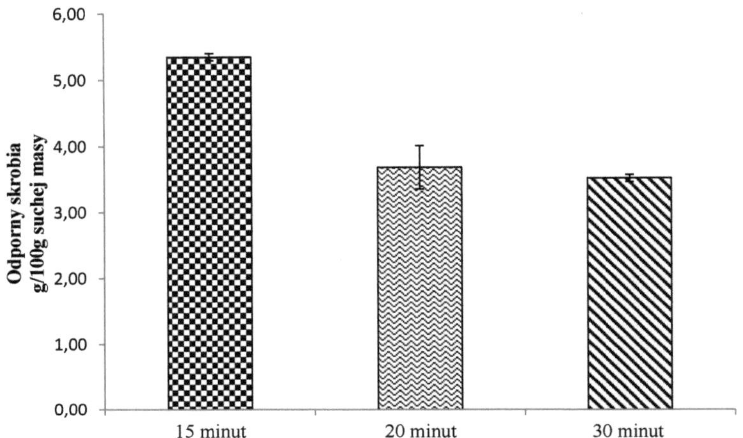

Rysunek 4.9 różnych czasów przetwarzania na zawartość odpornej skrobi w manioku.

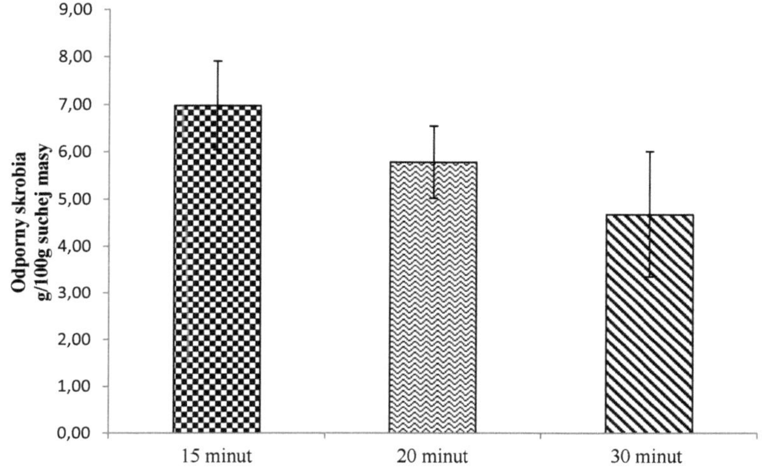

Rysunek 4.10 różnych czasów przetwarzania na zawartość odpornej skrobi w pochrzynu słoniowo-podstawowym

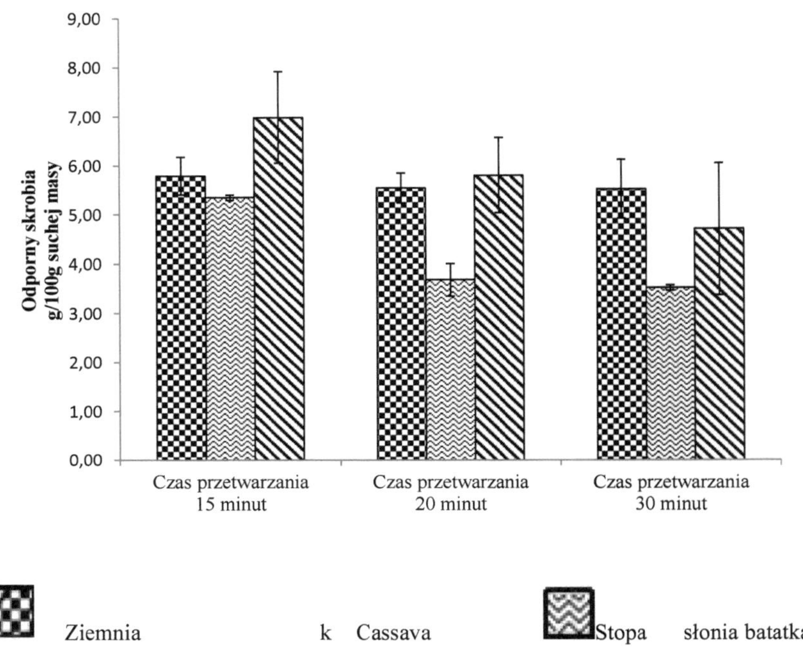

Rys. 4.11 różnych czasów przetwarzania na zawartość odpornej skrobi w wybranych bulwach

Rysunek 4.10 przedstawia wpływ różnych czasów przetwarzania na zawartość odpornej skrobi w wybranych bulwach. Wszystkie 3 wybrane próbki bulw przetwarzane przez 15 minut wykazały najwyższy poziom odporności na skrobię w porównaniu z tymi samymi próbkami przetwarzanymi przez 20 i 30 minut. Po 15 minutach gotowania pochrzynu słoniowego wykazuje najwyższy poziom zawartości skrobi odpornej w porównaniu z innymi próbkami. U ziemniaków ilość skrobi odpornej zmniejsza się wraz z wydłużaniem czasu przetwarzania, ale w porównaniu z pochrzyniem słoniowym i maniokiem zmniejsza się w mniejszym stopniu. Zawartość skrobi opornej w cassavie była najniższa spośród 3 wybranych bulw.

4.4 Proces chłodzenia

Proces chłodzenia ma duży wpływ na odporność zawartości skrobi w gotowanych bulwach. Proces chłodzenia oznacza, że po normalnym ugotowaniu ugotowane próbki były przechowywane w różnej temperaturze w różnych odstępach czasu, w tym w 4OC przez 01 godzin, w 20OC przez 01 godzin, w 4OC przez 24 godziny i w 20OC przez 24 godziny. Po zakończeniu tych warunków wszystkie próbki były przechowywane w warunkach temperatury otoczenia w celu dalszej analizy. Ilość odpornej skrobi była większa w bulwach poddanych procesowi chłodzenia w porównaniu z bulwami gotowanymi, ale jest ona mniejsza niż w bulwach surowych. Te temperatury i czasy zostały dobrane na podstawie naszych metod gotowania, konserwacji i produktów.

Zawartość skrobi opornej we wszystkich gotowanych próbkach była niższa niż w próbkach surowych. Natomiast w próbce schłodzonej obserwowano powstawanie opornej zawartości skrobi. Po podgrzaniu do temperatury około 50 °C, w obecności wody, amyloza w granulce pęcznieje; struktura krystaliczna amylopektyny rozpada się i granulka pęka. Łańcuchy polisacharydowe przyjmują przypadkową konfigurację, powodując pęcznienie skrobi i zagęszczanie otaczającej ją matrycy, np. żelatynizacja, proces, który sprawia, że skrobia jest łatwo strawna. Podczas chłodzenia/suszenia następuje rekrystalizacja (retrogradacja). Jest ona odporna na trawienie. Odbywa się to bardzo szybko dla cząsteczki amylazy, ponieważ struktura liniowa ułatwia wiązania krzyżowe za pomocą wiązań wodorowych. Rozgałęziony charakter amylopektyny hamuje do pewnego stopnia jej rekrystalizację i odbywa się ona w ciągu kilku dni (Sajilata *i in.*, 2005).

4.4.1 Wpływ procesu chłodzenia określa zawartość RS w ziemniaku.

W tabeli 4.8 pokazano zawartość skrobi odpornej i nie odpornej na skrobię w procesie obróbki schłodzonych gotowanych ziemniaków. Najbardziej odporną skrobię zaobserwowano w 4OC w czasie 24-godzinnej obróbki schłodzonej [9,76 (±0,26) g/100g suchej próbki], a następnie w 20 OC w czasie 24-godzinnej obróbki schłodzonej [8,97 (±0,48) g/100g suchej próbki], 4OC w czasie 01-godzinnej obróbki [6,92 (±0,16) g/100g suchej próbki] i 20OC w czasie 01-godzinnej obróbki [5,54 (±0,01) g/100g suchej próbki] na podstawie próbki ugotowanej. Jeżeli uwzględni się 20OC o godz. 01:00, wyniki dla odpornej skrobi są podobne do wyników normalnego gotowania. Ale 4OC o godz. 01, więcej wyników niż w przypadku normalnego gotowania. 20OC o 24 godz. i 4OC o 01 godz. dały najwyższe wyniki niż normalne gotowanie, ale niższe niż w przypadku surowego ziemniaka.

Jeżeli w oparciu o początkową masę próbki, najwyższą wartość skrobi odpornej w 4OC przy 24-godzinnej obróbce schłodzonej [9.16 (±0.25) g/100g suchej próbki], a następnie 20 OC przy 24-godzinnej obróbce [8.42 (±0.45) g/100g suchej próbki], 4OC przy 01-godzinnej obróbce schłodzonej [6.49 (±0.15) g/100g suchej próbki] i 20OC przy 01-godzinnej obróbce [5.20 (±0.10) g/100g suchej próbki]. Na rysunku 4.11 pokazano, jak w procesie chłodzenia określa się zawartość odpornej skrobi w gotowanych ziemniakach.

Tabela 4.8 Zawartość skrobi odpornej i nieodpornej w ziemniakach gotowanych i chłodzonych w różnych warunkach

Proces chłodzenia	Na podstawie masy próbki gotowanej		Na podstawie początkowej masy próbki	
	RS (%)*	Non-RS (%)*	RS (%)*	Non-RS (%)*
4OC na 1 godzinę	6.92(±0.16)[bc]	75.84(±5.49)[a]	6,49(±0,15)[bc]	71.19(±5.15)[a]
20OC na 1 godzinę	5.54(±0.10)[c]	70.16(±1.04)[a]	5.20(±0.10)[c]	65.86(±0.97)[a]
4OC przez 24 godziny	9,76(±0,26)[ba]	64.63(±2.02)[b]	9,16(±0,25)[ba]	60.68(±1.09)[b]
20OC przez 24 godziny	8.97(±0.48)[a]	64.89(±2.14)[b]	8.42(±0.45)[a]	60.92(±2.01)[b]

Średnia z wartości =SD. (odchylenie standardowe) (n=3). Różne litery pomiędzy zabiegami wykazują znaczną różnicę (P< 0,05). * Na podstawie suchej masy.

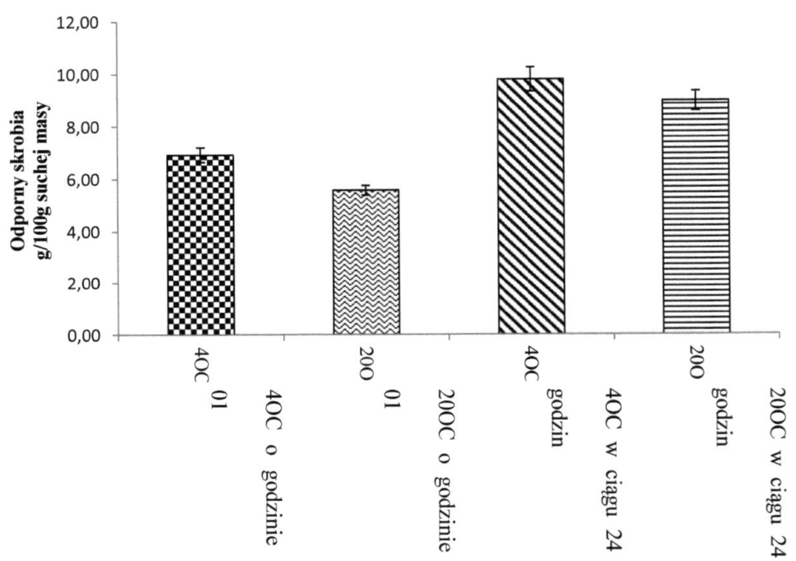

Rys. 4.12 Zawartość skrobi opornej w ziemniakach gotowanych i chłodzonych w różnej temperaturze i czasie

4.4.2 Wpływ procesu chłodzenia określa zawartość RS w manioku.

W tabeli 4.9 przedstawiono zawartość skrobi odpornej i nieodpornej w procesie gotowania w stanie schłodzonym. Wartość zawartości skrobi odpornej w przetworzonym materiale cassava wyniosła odpowiednio: 6,78 (±0,71)g/100g suchej próbki, 5,42 (±0,01)g/100g suchej próbki, 4,80 (±0,09)g/100g suchej próbki, 3,91 (±0,10) g/100g suchej próbki dla 20OC przy 24-godzinnym procesie chłodzenia, 20OC przy 01-godzinnym procesie chłodzenia, 4OC przy 24-godzinnym procesie, 4OC przy 01-godzinnym procesie. W oparciu o 24-godzinny proces 20OC wykazał najwyższą odporność na skrobię w porównaniu z 4OC w procesie 24-godzinnym. Takie same wyniki uzyskano dla 1-godzinnego procesu. Przetwarzanie 20OC ma najwyższą wartość skrobi odpornej w porównaniu z przetwarzaniem 4OC. Jednak w wyniku tego procesu chłodzenia gotowany maniok dał bardziej odporną skrobię niż zwykły maniok, ale niższą niż surowy maniok. Jeżeli w oparciu o początkową masę próbki, najwyższa wartość skrobi odpornej w 20OC przy 24-godzinnej obróbce schłodzonej [6.45(±) g/100g suchej próbki], a następnie 20 ^{OC} przy 01-godzinnej obróbce schłodzonej [5.16(±0.01) g/100g suchej próbki], 4OC przy 24-godzinnej obróbce schłodzonej [4.56(±0.08) g/100g suchej próbki] i 4OC przy 01-godzinnej [3.52(±0.10) g/100g suchej próbki]. Na rysunku 4.12 pokazano, jak w procesie chłodzenia określa się zawartość odpornej skrobi w gotowanej maniokowatej.

Tabela 4.9 i zawartość skrobi nieodpornej w manioku gotowanym i chłodzonym w różnych warunkach

Proces chłodzenia	**Na podstawie masy próbki gotowanej**		**Na podstawie początkowej masy próbki**	
	RS (%)*	**Non-RS (%)***	**RS (%)***	**Non-RS (%)***
4OC na 1 godzinę	3.91(±0.10)[d]	61.79(±0.35)[a]	3.52(±0.10)[d]	58.74(±0.33)[a]
20OC na 1 godzinę	5.42(±0.01)[c]	59.99(±0.42)[a]	5.1(±0.01)[c]	57.03(±0.40)[a]
4OC przez 24 godziny	4.80(±0.09)[a]	65.26(±1.63)[b]	4.56(±0.08)[a]	62.04(±1.55)[b]
20OC przez 24 godziny	6.78(±0.71)[b]	69.34(±0.71)[b]	6.45(±0.68)[b]	65.92(±2.35)[b]

Średnia z wartości ±SD. (odchylenie standardowe) (n=3). Różne litery pomiędzy zabiegami wykazują znaczną różnicę (P< 0,05). * Na podstawie suchej masy.

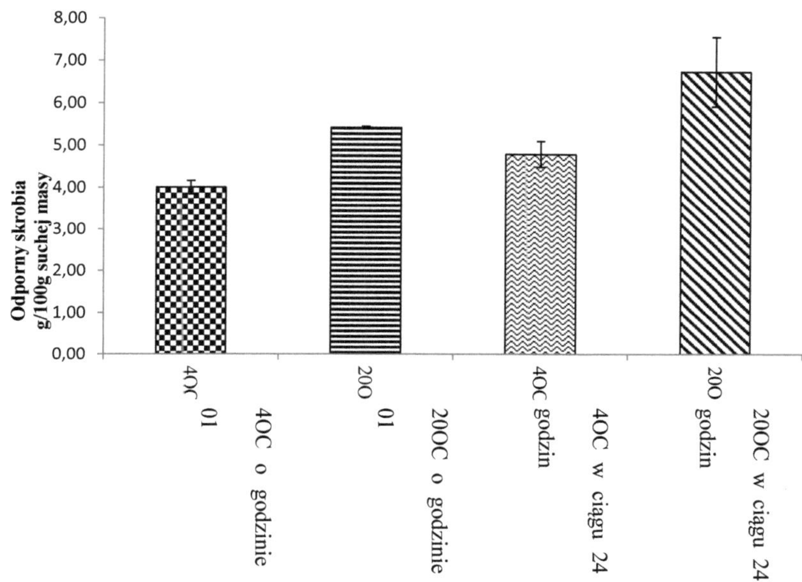

Rys. 4.13 Zawartość skrobi odpornej na korozję w manioku gotowanym i chłodzonym w różnej temperaturze i czasie

4.4.3 Wpływ procesu chłodzenia określa zawartość odpornej skrobi w pochrzynu słoniowym.

W tabeli 4.9 przedstawiono zawartość skrobi odpornej i nieodpornej w procesie chłodzenia ugotowanego ignamu słoniowego. Po ugotowaniu, jeżeli ugotowany batat ze słoni stopionych był przechowywany w stanie schłodzonym i/lub chłodzonym, to produkcja skrobi odpornej niż normalna ugotowana jest następnie spożywana. Najbardziej odporną skrobię zaobserwowano w przypadku 4OC w czasie 24-godzinnej obróbki schłodzonej [9,84 (±0,58) g/100g suchej próbki], a następnie w przypadku 20 OC w czasie 24-godzinnej obróbki schłodzonej [9,70 (±0,84) g/100g suchej próbki], 4OC w czasie 01-godzinnej obróbki schłodzonej [6,30 (±0,58) g/100g suchej próbki] i 20OC w czasie 01-godzinnej [5,82 (±0,41) g/100g suchej próbki] na podstawie próbki gotowanej. W wyniku schłodzenia w innej temperaturze z procesem czasowym, największą odporność na skrobię uzyskano w batonie słoniowym w porównaniu z ziemniakami i maniokiem. Ogólnie rzecz biorąc, RS wzrasta przy przechowywaniu, zwłaszcza w niskiej temperaturze. Przechowywanie w niskiej temperaturze wydaje się sprzyjać wzrostowi zawartości RS. Całe pieczywo kukurydziane i miękisz kukurydziany przechowywane w różnych temperaturach (-20 °C, 4 °C lub 20 °C) przez 7 d wykazywały maksymalną zawartość RS pomiędzy 2 a 4 d we wszystkich temperaturach przechowywania, po czym zmniejszały się (Niba, 2003).

Jeżeli w oparciu o początkową masę próbki, najwyższą wartość skrobi odpornej w 4OC przy 24-godzinnej obróbce schłodzonej [8.88 (±0.52) g/100g suchej próbki], a następnie 20 OC przy 24-godzinnej obróbce schłodzonej [8.75 (±0.75) g/100g suchej próbki], 4OC przy 01-godzinnej obróbce schłodzonej [5.69 (±0.52) g/100g suchej próbki] i 20OC przy 01-godzinnej [5.25 (±0.37) g/100g suchej próbki]. Na rysunku 4.13 pokazano, jak w procesie chłodzenia określa się zawartość odpornej skrobi w gotowanym pochrzynie słoniowym.

Tabela 4.10 Zawartość skrobi odpornej i nieodpornej w pochrzynu słoniowo-podstawowym gotowanym i chłodzonym w różnych warunkach

Proces chłodzenia	Na podstawie masy próbki gotowanej		Na podstawie początkowej masy próbki	
	RS (%)*	Non-RS (%)*	RS (%)*	Non-RS (%)*
4OC na 1 godzinę	6,30 (±0,58)^{bc}	70.36(±2.29)^{a}	5,69(±0,52)^{bc}	63.49(±2.07)^{a}
20OC na 1 godzinę	5.82(±0.41)^{c}	57.87(±4.04)^{b}	5.25(±0.37)^{c}	52.22(±3.64)^{b}
4OC przez 24 godziny	9.84(±0.58)^{a}	67,77(±0,27)^{ba}	8.88(±0.52)^{a}	61,16(±0,25)^{ba}
20OC przez 24 godziny	9,70(±0,84)^{ba}	66.51 (±0.41)^{ab}	8,75(±0,75)^{ba}	60,02(±0,37)^{ab}

Średnia z wartości ±SD. (odchylenie standardowe) (n=3). Różne litery pomiędzy zabiegami wykazują znaczną różnicę (P< 0,05). *Na podstawie suchej masy.

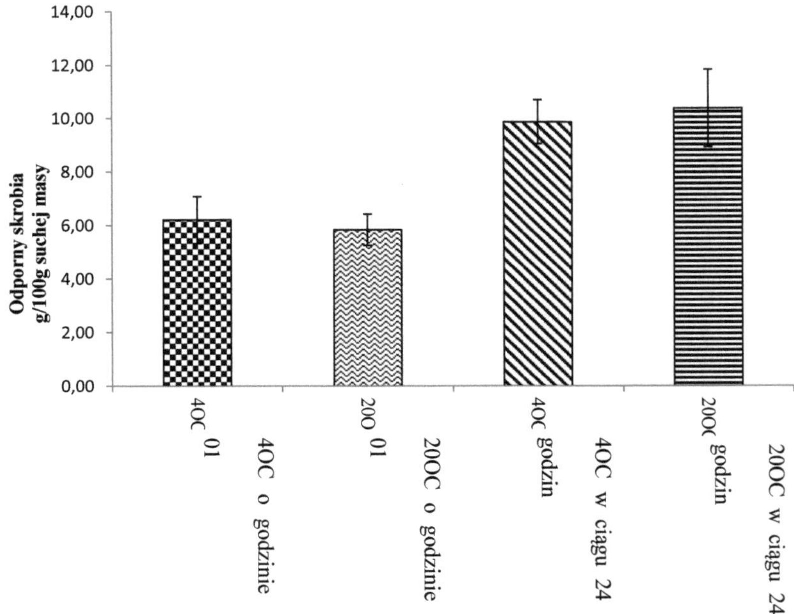

Rys. 4.14 Zawartość skrobi odpornej w pochrzynu słoniowo-podstawowym ugotowanym i schłodzonym w różnej temperaturze i czasie

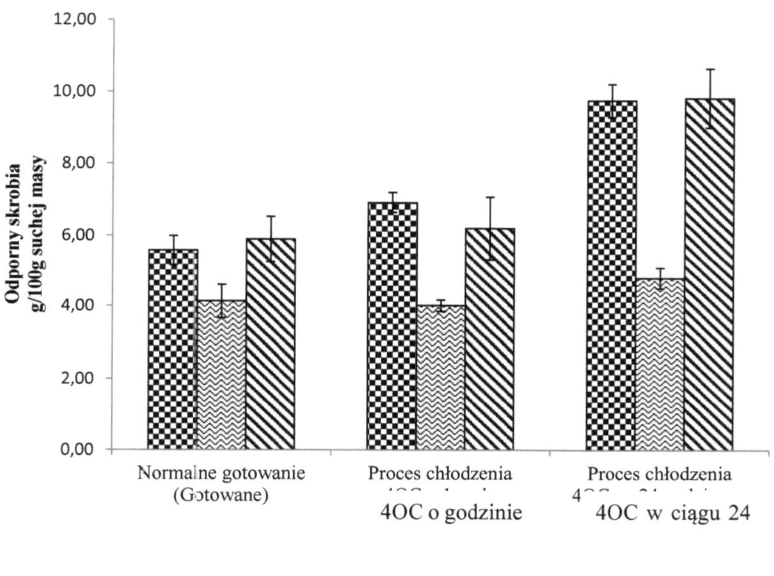

Rys. 4.15 Zawartość skrobi opornej w wybranych gotowanych bulwach i ugotowanych bulwach przechowywanych w temperaturze 4 ^{OC} przez różny okres czasu

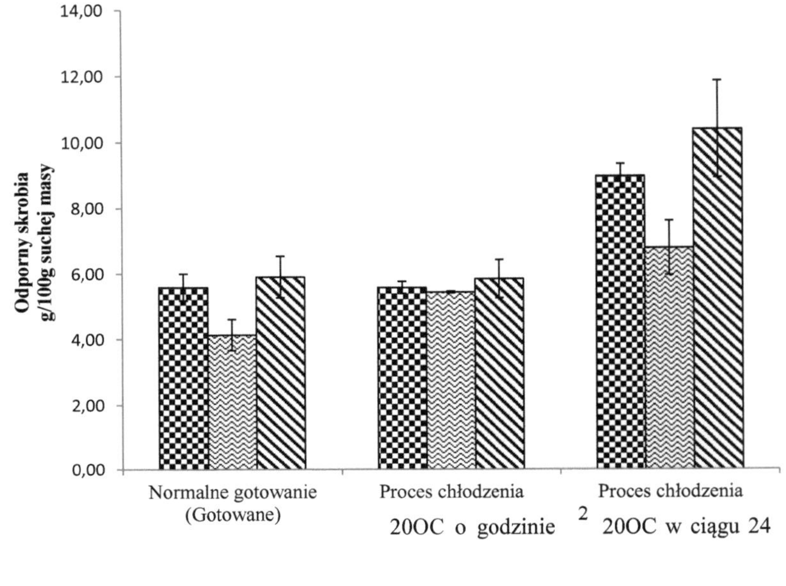

Rys. 4.16 Zawartość skrobi opornej w wybranych gotowanych bulwach i ugotowanych bulwach przechowywanych w 20OC przez różny okres czasu

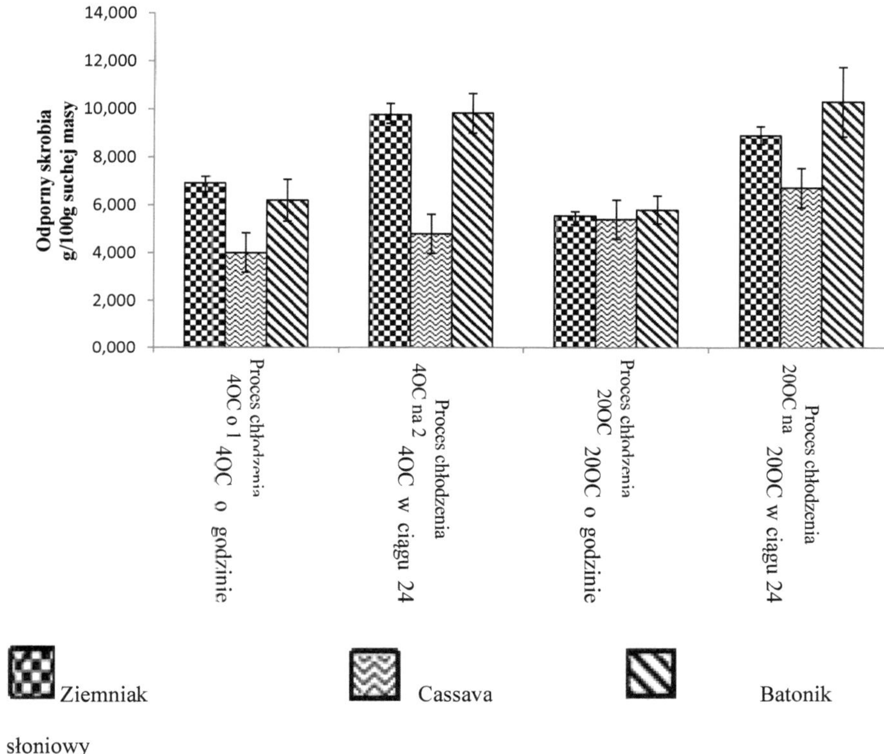

Rys. 4.17 Zawartość skrobi w wybranych gotowanych bulwach przechowywanych w różnych okresach czasu i temperaturach

4.5 Interakcja z jonami.

Interakcja jonów z żywnością skrobiową jest ważnym czynnikiem wpływającym na powstawanie odpornej skrobi. Podczas gotowania, sól (NaCl) jest używana w celu zwiększenia walorów smakowych i estetycznych. Początkowo odporna skrobia była otrzymywana bez soli w trakcie normalnego gotowania (gotowania). Zwykle dodawanie soli ogranicza powstawanie skrobi odpornej. Ilość soli wpływa również na produkcję skrobi odpornej. Wydajność RS w żelach skrobi ziemniaczanej zmniejsza się w obecności jonów wapnia i potasu w porównaniu z jonami bez dodatku składnika (Escarpa *i in.*, 1997), prawdopodobnie ze względu na zapobieganie powstawaniu wiązań wodorowych pomiędzy łańcuchami amylazy i amylopektyny spowodowanych adsorpcją tych jonów (Sajilata *i in.*, 2005). Ilość soli zależy od objętości próbki i różnicy osobniczej. Jeśli weźmie się pod uwagę interakcję z solą, wszystkie inne czynniki są utrzymywane w tym samym stanie.

4.5.1 Efekt normalnego gotowania z oddziaływaniem soli określa zawartość odpornej skrobi w wybranych bulwach (Ziemniak, Cassava, batat słoniowy).

Wybrane bulwy były analizowane pod kątem interakcji soli z normalnym gotowaniem. W tabeli 4.10 przedstawiono zawartość skrobi odpornej i nieodpornej na działanie soli (NaCl) w wybranych bulwach. Po normalnym gotowaniu z użyciem soli uzyskano wartość skrobi opornej. Są to: 6,07 (±0,50) g/100 g suchej próbki, 3,38 (±0,22) g/100g suchej próbki, 4,93 (±0,09) g/100g suchej próbki odpowiednio dla ziemniaków, manioku i pochrzynu słoniowego na podstawie masy próbki gotowanej. W oparciu o początkową wagę próby, dla ziemniaka [5,21 (±0,43) g/100g suchej próby], manioku [3,31 (±0,21) g/100g suchej próby] i pochrzynu słoniowego [4,03 (±0,08) g/100 g suchej próby].

W tabeli 4.11 przedstawiono zawartość skrobi odpornej i nieodpornej podczas normalnego gotowania z solą i bez soli (NaCl) w wybranych bulwach. W przypadku porównania wartości skrobi opornej interakcji z solą z normalnym gotowaniem (bez soli), w ziemniaku największą wartość otrzymano z solą niż bez soli. Natomiast w przypadku manioku i pochrzynu słoniowego najwyższe wartości odnotowano dla ziemniaka bez soli niż z solą.

Tabela 4.11 i zawartość skrobi nieodpornej w wybranych bulwach, gotowanych w normalnych warunkach z dodatkiem soli (NaCl)

Interakcja z solą (normalne gotowanie)	**Na podstawie masy próbki gotowanej**		**Na podstawie początkowej masy próbki**	
Bulwy	**RS (%)***	**Non-RS (%)***	**RS (%)***	**Non-RS (%)***
Ziemniak	6.07(±0.50)[a]	74,79(±2,13)[ba]	5.21(±0.43)[a]	64,21(±1,83)[ba]
Cassava	3.78(±0.22)[b]	57.05(±1.72)[b]	3.31(±0.21)[b]	49.95(±1.64)[b]
Batonik słoniowy	4,93 (±0,09)[ba]	68.37(±3.44)[a]	4,03(±0,08)[ba]	55.91(±2.81)[a]

Średnia z wartości ±SD. (odchylenie standardowe) (n=3). Różne litery pomiędzy zabiegami wykazują znaczną różnicę (P< 0,05). ***Baza** masy własnej.

Tabela 4.12 i zawartość skrobi nieodpornej w wyselekcjonowanych bulwach, gotowanych w normalnych warunkach z dodatkiem soli (NaCl) i bez soli.

Bulwy	Normalne gotowanie z solą (NaCl)		Normalne gotowanie (bez soli)	
	RS (%)*	Non-RS (%)*	RS (%)*	Non-RS (%)*
Ziemniak	6.07(±0.50)[a]	74,79(±2,13)[ba]	5.58(±0.23)[a]	79.10(±1.08)[a]
Cassava	3.78(±0.22)[b]	57.05(±1.72)[b]	4.13(±0.27)[b]	62.07(±0.76)[c]
Batonik słoniowy	4,93 (±0,09)[ba]	68.37(±3.44)[a]	5.89(±0.36)[a]	70.26(±2.46)[b]

Średnia z wartości ±SD. (odchylenie standardowe) (n=3). Różne litery pomiędzy zabiegami wykazują znaczną różnicę (P< 0,05). * Na podstawie suchej masy.

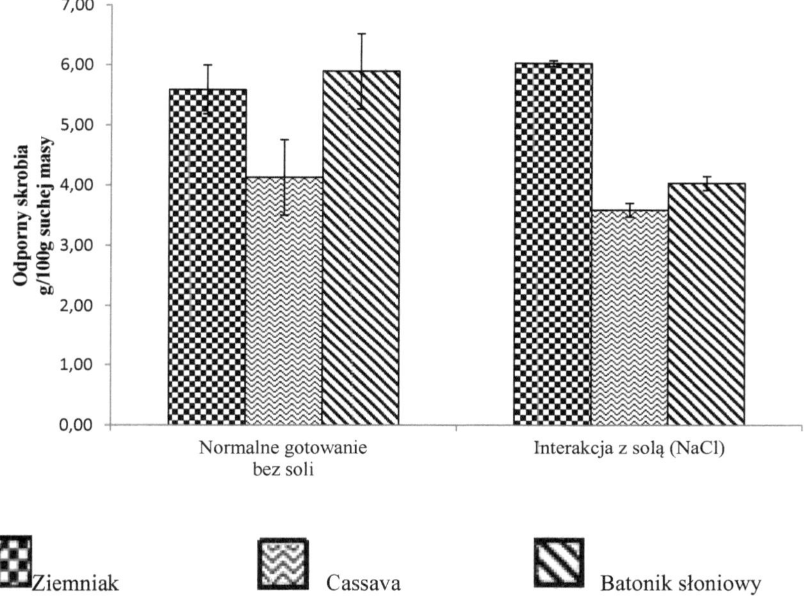

Rys. 4.18 Zawartość skrobi opornej w wybranych bulwach gotowanych w normalnych warunkach z dodatkiem soli (NaCl) i bez soli.

ROZDZIAŁ PIĄTY

5 PODSUMOWANIE

W niniejszej pracy badano wpływ różnych metod przetwarzania na zawartość skrobi odpornej. W bulwach surowych, pochrzyn słoniowy i ziemniak mają najwyższą zawartość skrobi odpornej niż cassava. Największą zawartość skrobi oporowej stwierdzono w ziemniaku gotowanym na parze i pochrzynu słoniowo-podstawowym oraz manioku gotowanym metodą mikrofalową wśród różnych metod obróbki termicznej. Natomiast ziemniaki gotowane na parze, pod ciśnieniem i w mikrofalówce. Cassava i batat słoniowy wykazywały wyższą zawartość skrobi odpornej w porównaniu z bulwami gotowanymi lub gotowanymi. Czas przetwarzania jest ważnym czynnikiem w określaniu zawartości skrobi w bulwach. Wybrane bulwy gotowane przez 15 minut uzyskały bardziej odporną skrobię w porównaniu do czasu gotowania 20 i 30 minut. Kiedy czas gotowania się wydłuża, znacznie obniża się zawartość odpornej skrobi poprzez zakłócenie struktury krystalicznej i prowadzi do łatwej hydrolizy enzymatycznej. Proces chłodzenia, po normalnym gotowaniu, powoduje powstanie struktury krystalicznej cząsteczek skrobi. W pochrzynu ziemniaczanym i słoniowym wykazano wyższą zawartość skrobi odpornej w 4OC w ciągu 24 godzin i 20OC w ciągu 24 godzin niż w 4OC w ciągu 01 godzin i 20 OC w ciągu 01 godzin. Natomiast w manioku wyższą zawartość skrobi odpornej uzyskano w 20OC o 24 godz. i 20OC o 01 godz. w porównaniu z 4OC o 24 godz. i 4OC o 01 godz. Ogólnie rzecz biorąc, proces chłodzenia powoduje powstanie struktury krystalicznej i zwiększenie poziomu zawartości skrobi odpornej w porównaniu z normalnym gotowaniem. Wydajność odpornej skrobi w ziemniakach zwiększa się w obecności soli (NaCl) podczas gotowania w porównaniu z normalnym gotowaniem bez soli. Jednak dodatek soli w manioku i ignamie słoniowym zmniejsza zawartość skrobi odpornej w porównaniu z bulwami gotowanymi bez soli.

Surowy batat słoniowy i ziemniak mają podobną odporność na skrobię i ich poziom jest wyższy niż cassava. We wszystkich wyżej wymienionych procesach przetwórczych pochrzyn słoniowy wykazywał wyższą zawartość skrobi odpornej. Jest to dobre źródło odpornej bulwy skrobi zastępczej dla ziemniaka. Pochrzyn słoniowy jest bardziej popularny w krajach azjatyckich, takich jak Indie, Sri Lanka i Filipiny. Ale nie jest on popularny na całym świecie. Ponieważ ma pewne związki alergiczne. Prowadzi do pewnych zaburzeń alergicznych podczas przetwarzania i po gotowaniu. Zawiera on nie tylko bardziej odporną skrobię, ale także jest wykorzystywany do celów medycznych w porównaniu z ziemniakami, a także, jeśli wziąć pod uwagę cenę, okres przechowywania, koszty produkcji, szkodniki i choroby atakują słoniową pryszczycę batat lepiej niż ziemniaki, a także lokalnie dostępny obficie w Jaffnie.

Dalsze badania:

Pochrzyn słoniowej stopy jest bogatym źródłem odpornej skrobi. Ale problemem jest jego związek alergiczny. Dlatego też konieczne są dalsze badania w celu znalezienia głównego składnika tego związku alergicznego i określenia odpowiedniej metody jego usuwania podczas przetwarzania i/lub po gotowaniu. Poprawi to popularność pochrzynu ze słoniowej stopy wśród społeczeństwa.

ROZDZIAŁ SIX

6 REFERENCJA

American Assn. of Cereal Chemists. 2000. Zatwierdzone metody AACC. 10. edycja. Metoda 44-15A. St. Paul, Minn.: AACC.

Stowarzyszenie Oficjalnych Chemików Analitycznych. 2002. Zatwierdzona metoda AOAC. *Journal of AOAC International*,85 (9): 1103- 1111.

Abbas I. R, Scheerens J.C. i Berry J. W. 1987. Skrobia fasolowa Tepary. Część III. Strawność in vitro. Skrobia/Starke 39(8):280-4.

Adamu B. O. A. 2001. Odporna skrobia otrzymywana z wytłaczanej skrobi kukurydzianej i gumy guar pod wpływem działania kwasów i środków powierzchniowo czynnych: charakterystyka strukturalna. Skrobia/Starke 53(11):582-91.

Agama-Acevedo E, Rendon-Villalobos R, Tovar J, Parady-Lopez O, Islas-Hernandez J.J. i Bello-Perez L. 2004. In vitro starch digestibility changes during storage of maize flour tortillas. *Nahrung/Food* 48(1):38-42.

Akerberg, A., Liljeberg, H. i Björck, I.1998.Wpływ stosunku amylozy do amylopektyny oraz warunków pieczenia na oporne tworzenie się skrobi i wskaźniki glikemiczne. *Journal of Cereal Science*, 28(1):71-80.

Asp N. G i Bjorck I. 1992. Wytrzymała skrobia. *Trends Food Sci. Technol.*, 3(5):111-4.

Aust, L., Dongowski, G., Frenz, U., Taufel, A. i Noack, R. 2001.Oszacowanie dostępnej energii błonnika pokarmowego za pomocą pośredniej kalorymetrii u szczurów. *European Journal of Nutrition*; 40(1):23-9. Medycyna publiczna 11315502

Berry, C.S. 1986. Odporna skrobia: tworzenie i pomiar skrobi, która podczas oznaczania błonnika pokarmowego przeżywa wyczerpujące trawienie za pomocą enzymów amylolitycznych. *J. Cereal Science* 4: 301-314.

Belitz H. D i Grosch W. 1999. Polisacharydy. W: Chemia spożywcza. 2nd ed. Berlin, Niemcy: Springer-Verlag. p 301.

Björck, I., Nyman, M., Pedersen, B., Siljestron, M., Asp, N.G. i Eggum, B.O.1987. Tworzenie się struktury odpornej na działanie enzymów podczas autoklawowania skrobi pszennej: Badania in vitro i in vivo. *J. Nauka o zbożach* 6: 169-178

Bjorck I, Eliasson A.C, Drews A, Gudmundsson M. i Karlson R. 1990. Some nutritional properties of starch and dietary fiber in barley genotypes containing different levels of amylose.. *Zboża. . . . Chem.* 67:327–33.

Bjorck I. M. i Nyman M. E. 1987. In vitro effects of phytic acid and polyphenols on starch digestion and fiber degradation. *J. Food Sci.* 52:1588-94.

Buch J. S. i Walker C. E. 1988. Sugar and sucrose ester effects on maize and wheat starch gelatinization patterns by differential scanning calorimeter. Starke 40:353-6.

Cummings J. H. i Englyst H. N. 1991. Pomiar fermentacji skrobi w ludzkim jelicie grubym. *Puszka. J. Physiol. Pharmacol.* 69:121–9.

Czuchajowska Z, Sievert D. i Pomeranz Y. 1991. Skrobia odporna na działanie enzymów. IV. Efekty kompleksowania lipidów. Cechy *chemiczne zbóż* 68(5):537-42.

Eerlingen, R. C, Crombez, M, i Delcour J. A 1993a. Skrobia odporna na działanie enzymów. I. Ilościowy i jakościowy wpływ czasu inkubacji i temperatury autoklawu. skrobia na opornym tworzeniu się skrobi. *Cereal Chem.* 70(3):339–44.

Eerlingen, R. C, Deceuninck M, i Delcour J. A 1993b. Skrobia odporna na działanie enzymów. II. Wpływ długości łańcucha amylozy na powstawanie skrobi odpornej na działanie enzymów. *Chem zbożowy.* 70(3):345–50.

Eerlingen R. C. i Delcour JA. 1995. Formacja, analiza, struktura i właściwości skrobi odpornej na działanie enzymów typu III. *J. Zboża . Sci.* 22:129-38.

Eerlingen R. C, Van den Broeck I, Delcour JA. i Levine H. 1994. Skrobia odporna na działanie enzymów. VI. Wpływ cukrów na powstawanie skrobi odpornej na działanie enzymów. *Cereal Chem.* 70:345.

Eggum B. O, Juliano B. O, Perez C. M i Acedo E. F. 1993. Wytrzymała skrobia, niestrawna energia i niestrawne białko w surowym i gotowanym ryżu bielonym. *J. Zboża. . . Sci.* 18(2):159-70.

Eliasson A. C, Finstad H. i Ljunger G. 1988. A study of starch-lipid interactions for some native and modified maize skrobia. *Skrobia* 40:95-100.

Elmsthl, H.L., 2002. Resistant starch content in a selection of starchy foods on the Swedish market. *Elmsthl, H.L., 2002 r. J. Clin. Nutr.* , 56: 500-505. PMID: 12032648

Englyst H. N. i Cummings J. H. 1985. Digestacja polisacharydów niektórych pokarmów zbożowych w ludzkim jelicie cienkim. *Am . J . Clin. . . Nutr.* 42:778-87.

Englyst H. N, Kingman S.M. i Cummings J. H. 1990. Classification and measurement of nutritionally important starch fractions. *Eur. J. Clin. Składniki pokarmowe* . 46:S33-S50.

Englyst H. N, Wiggins H. S. i Cummings J. H. 1982. Oznaczanie polisacharydów nieskrobiowych w żywności roślinnej metodą chromatografii gazowo-cieczowej cukrów składowych w postaci octanów alditolu. Analityk 107:307-18.

Escarpa A, Gonzalez M. C, Morales M.D. i Saura-Calixto F. 1997. An approach to the influence of nutrients and other food constituents on resistant starch formation. *Food Chem.* 60(4):527–32.

Faisant N, Champ M, Colonna P, Buleon A, Molis C, Langkilde A. M, Schweizer T, Flourie B. i Galmiche J. P. 1993. Structural features of resistant starch at the end of the human small intestine. *Eur . J. Clin. Nutr.* 47:285-96.

Fausto F. D, Kacchi A. I i Mehta D. 1997. Produkty skrobiowe w cukiernictwie. *Bev. Żywność Świat* 24(4):4-16, 24.

Franco C. M. L, Ciacco C. F, Tavares D. Q. 1995. Effect of heat-moist treatment on enzymatic susceptibility. *Starke/Starch* 47(6):223-8.

Galliard T. 1987. W skrobi: właściwości i potencjał. Chichester, U.K.: John Wiley i Sons.

Gelencsér, T. 2009. Badania porównawcze odpornych skrobi i badania ich zastosowania w produktach skrobiowych (chleb i makarony). Praca doktorska. Wydział Biotechnologii Stosowanej i Nauk o Żywności, Politechnika i Ekonomia Budapesztu. Budapeszt, Węgry.

Gebhardt E, Dongowski G, Huth M. i Rabe E. 2001. Formation of resistant starch by extrusion and the completion of the dietary fiber analysis. Getreide-Mehl-und- Brot. 55(6):363–71

Geng Z, Zongdao C. i Toledo R. 2003. Wpływ różnych metod przetwarzania na indeks glikemiczny skrobi kudzu. *J. Chinese Cereals Oils Assoc* 18(5):5.

Gidley M. J. 1989. Molekularne mechanizmy leżące u podstaw agregacji amylozy i żelowania. *Makromolekuły* 22:351-8.

Gidley M. J, Cooke D, Drake A. H, Hoffman R. A, Russell A. L. i Greenwell P. 1995. Molecular order and structure in enzyme-resistant retrograded starch. *Węglowodór. Polym.* 28:23–31.

Goddard, M., Young, G. i Marcus, R. 1984. The effect of amylose content on insulin and glucose responses to ingested rice. *Am. J. Clin. Nutr.* 1984(39):388-392

Granfeldt Y, Drews A. i Bjoerck I. 1995. Arepas z mąki kukurydzianej o wysokiej zawartości amylozy wytwarzają u zdrowego człowieka korzystnie niskie reakcje glukozy i insuliny. *J. Nutr* 125(3):459-65

Haralampu S. G. 2000. Skrobia odporna - przegląd właściwości fizycznych i oddziaływania biologicznego RS3. *Carbohyder Polym* 41:285-92.

Hasler, C.M. i Brown, A.C. 2009. Stanowisko amerykańskiego stowarzyszenia dietetycznego: Żywność funkcjonalna. *J. Am. Dietetic Assoc.*, 109: 735-746. DOI: 10.1016/j.jada.2009.02.023.

Higgins, J. A, Dana, H. R Donahoo W. T, Brown I. L, Bell M.L. i Bessesen D. H. 2004. Oporne zużycie skrobi sprzyja utlenianiu się lipidów. *Nutr Met* 1:1-8.

Hizukuri S. 1986. Polimodalny rozkład długości łańcuchów amylopektyny i jego znaczenie. *Węglowodór Res* 147:342-7.

Holm J, Asp N. G, Bjorck I. 1987. Factors affecting enzymatic degradation of cereal skrobia in vitro and in vivo. In vivo i in vitro: Morton Ellis D, redaktor. Cereal in a European context. Bournemouth, Dorset: Pierwsza europejska konferencja na temat nauki i technologii żywności. Nowy Jork, NY: VCH Publisher. Harwood, Chichester, U.K.: str. 169-87.

Holm J, Lundquist I, Bjorck I, Eliasson A.C. i Asp N.G. 1988. Relationship between degree of gelatinization, digestion rate in vitro and metabolic response in rats. *Am J. Clin Nutr* 47:1010-6.

Johansson C. G. i Siljestrom M. 1984. Błonnik pokarmowy chleba i tworzenie się RS przy pieczeniu. *Z Lebesnm Forsch* 179:24-8.

Kavita V, Varghese S, Chitra G. R. i Jamuna P. 1998. Effects of processing, storage time and temperature on the resistant starch of foods. *J. Food Science and Technology* 35(4):299-304.

Kohyama K. i Nishinari K. 1991. Effect of soluble sugars on gelatinization and retrogradation of sweet potato starch. *J. Chemia rolno-spożywcza* 39:1406-10.

Liljeberg, H., Åkerberg, A. i Björck, I. 1996. Odporność na tworzenie się skrobi w chlebie pod wpływem doboru składników lub warunków pieczenia. *Food Chemistry*, 56(4):389-394.

Liyong.C, Ruiping, L., Chengyong.Q., Yan, M., i Wang, J. 2010. Sources and Intake of Resistant Starch in the Chinese Diet. *Asia Pacific Journal of Clinical Nutrition*. 2(19):274-282.

Malshick S, Kyungsoo W, Seib P. A. 2003. Rozpuszczalność w gorącej wodzie i sorpcja wodna odpornych skrobi w temperaturze 25°C. *Cereal Chem*. 80(5):564–6.

Marconi E, Ruggeri S, Cappelloni M, Leonardi D, Carnovale E. 2000. Related Physicochemical, nutritional, and microstructural characteristics of chickpeas (*Cicer arietinum L.*) and common beans (*Phaseolus vulgaris L.*) following microwave cooking. *J Agric Food Chem*. 48(12):5986–94.

Marsono Y. i Topping D. L. 1999. Wpływ wielkości cząsteczek ryżu na odporną skrobię i SCFA trawy u świń poddanych kaekostomii. *Indonezyjskie Orzeszki jadalne Prog*. 6(2):44–50.

McCleary. i Monaghan, prokurator z 2002 roku. Pomiar odpornej skrobi. *Journal of the Association of Office Analysis Chemistry*. 85: 665–75

Mèance, S., Achour, L. i Briend, A. 1999. Porównanie strawności skrobi w żywności mieszanej przygotowanej z gotowaniem ekstruzyjnym i bez niego. *European Journal of Clinical Nutrition* 53: 844-849

Mercier C. 1980. Zmiany w strukturze i strawności skrobi zbożowych poprzez gotowanie na wytłaczarce dwuślimakowej. W: Malkki LY, Olkku J, Larinkari J, redakcja. Inżynieria przetwórstwa spożywczego. Vol. 1. Londyn: Applied Science Publishing. s. 795-807.

Miller,G.L.1972.Anal.chem.31,p.426

Mitsuda H. 1993. Retrografia gotowanego ryżu. *J. Jakość żywności* 16:321-5.

Mora-Escobedo R, Osorio-Diaz P, Garcia-Rosas MI, Bello-Perez A, Hernandez-Unzon H. 2004. Changes in selected nutrients and microstructure of white starch quality maize and common maize during tortilla preparation and storage. 10(2):79–87.

Niba, L.L. 2002. Wytrzymała skrobia: Potencjalny funkcjonalny składnik żywności. Nutrition and Food Science. 32: 62-67.

Niba L. L. 2003. Wpływ okresu przechowywania i temperatury na zawartość odpornej skrobi i beta-glukanu w chlebie kukurydzianym. *Żywność Chem* 83(4):493-8.

Nugent, A.P.2005. Właściwości zdrowotne odpornej skrobi. British Nutrition Foundation Nutrition Newsletter żywieniowy 30,27-54

Perera, A., Meda, V. i Tyler, R.T. 2010. Wytrzymała skrobia: Przegląd protokołów analitycznych służących do oznaczania odpornej skrobi oraz czynników wpływających na zawartość odpornej skrobi w żywności. *Food Research International*, 43:1959-1974.

Platel K, Shurpalekar K. S. 1994. Odporna zawartość skrobi w indyjskiej żywności. *Plant Foods Human Nutrition*. 45(1):91-5.

Pomeranz Y. i Sievert D. 1990. Oczyszczone, odporne produkty skrobiowe i ich przygotowanie. WO 9015147. 13 grudnia 1990 r. Uniw. z Waszyngtonu.

Ranhotra G. S, Gelroth J.A, Astroth K. i Eisenbraun G.J 1991. Effect of resistant starch on intestinal responses in rats. *Cereal Chem* 68(2):130-2.

Ranhotra, G. S, Gelroth J.A. i Glaser B. K. 1996. Wartość energetyczna skrobi odpornej. *J. Food Sci* 61(2):453-5.

Ring S. G, Gee J. M, Whittam M, Orford, P. i Johnson I. 1988. Wytrzymała skrobia. Jej forma chemiczna w środkach spożywczych i wpływ na strawność in vitro. *Chemia żywności* 28:97-109.

Sajilata M. G. i Singhal R. S. 2005. Specjalistyczne skrobiaki do przekąsek. *Carbohydr Polym* 59:131-51.

Schweizer, T. F, Anderson H, Lankilde A. M, Reimann S, Torsdottir I. 1990. Składniki odżywcze wydalane w krwawych ściekach po spożyciu diet mieszanych z fasolą lub ziemniakami II. Skrobia, błonnik pokarmowy i cukry. *Eur. J . Clin . Składniki odżywcze.* 44:567-75.

Sievert D, Czuchajowska Z. i Pomeranz Y 1991. Skrobia odporna na działanie enzymów. III. Rentgen .
dyfrakcja autoklawowanej skrobi amylomaize VII i pozostałości skrobi odpornej na działanie enzymów.
Cereal Chem 68(1):86-91.

Sievert D. i Pomeranz Y 1989a. Skrobia odporna na działanie enzymów. I. Charakterystyka i ocena metodami enzymatycznymi, termoanalitycznymi i mikroskopowymi. Cecha *chemiczna zbóż* 66(4):342-7.

Sievert D. i Pomeranz Y. 1990. Skrobia odporna na działanie enzymów. II. Różnicowe badania kalorymetryczne skaningowe skrobi poddanych obróbce cieplnej oraz pozostałości skrobi odpornych na działanie enzymów. Ceremonia zbożowa (*Cereal Chem.* 67(3):217–21.

Sievert D. i Wursch P. 1993. Zachowanie termiczne amylazy ziemniaczanej i odpornej na działanie enzymów skrobi z kukurydzy. *Chem zbożowy.* 70:333–8.

Siljestrom M, i Asp N. G. 1985. Odporny na tworzenie się skrobi podczas pieczenia. Wpływ czasu i temperatury pieczenia oraz zmian w recepturze. *Z . Lebensm Unters Forsch* 4:1-18.

Siljestrom M. i Bjorck I. 1990. Węglowodany strawne i niestrawne w autoklawionych roślinach strączkowych, ziemniakach i kukurydzy. *Food Chem.* 38:145–52.

Siljestrom M, Eliasson A.C. i Asp N.G. 1989. Characterization of resistant starch from autoclaved wheat starch. *Starch/Starke* 41:147-51.

Slavin, J.L. 2005.Błonnik pokarmowy i masa ciała. Odżywianie; Mar;21(3):411-8...

Szczodrak J. i Pomeranz Y. 1991. Skrobia odporna na skrobię i enzymy z jęczmienia wysokoamylozowego. *Cereal Chem.* 68(6):589–96.

Takeda C, Takeda Y. i Hizukuri S. 1989. Struktura amylazy amylazowej. *Cereal Chem.* 66:22–5

Tester R. F, Karkalas J, i Qi X. 2004. Struktura skrobi i jej strawność. Zależność enzymatyczno-substratowa. *World Poultry Sci. . J.* 60(2):186–95.

Tharanathan M, Tharanathan RN. 2001. Resistant starch in wheat-based products: isolation and characterization. *J Cereal Sci* 34:73-84.

Thompson D. B. 2000. O nielosowym charakterze rozgałęzienia amylopektyny. *Węglowodór. Polym.* 43:223–39.

Thompson L. U. i Yoon J. H. 1984. Strawność skrobi pod wpływem polifenolu i kwasu fitynowego. *J. Żywność. Sci* 49:1228-9.

Tovar J. i Melito C. 1996. Gotowanie na parze i ogrzewanie na sucho powoduje wytwarzanie odpornej skrobi w roślinach strączkowych. *J. Agric Food Chem.* 44(9):2642–5.

Westerlund E, Theander O, Andersson R. i Aman P. 1989. Wpływ wypieku na polisacharydy we frakcjach białego chleba. *J. Zboże. Sci.* 10(2):149-56.

White, L. J., Abbas, I. R., i Johnson, L. A. (1998). Freeze-thawe-stabilisation and refrig refrigerated-storage retrogradation of skrobia. Skrobia, 41, 176-180.

Whitehead,R.H., Young,G.P. i Bhathal,P.S. 2001.Wpływ krótkołańcuchowych kwasów tłuszczowych na nową linię komórek raka człowieka, (LIM1215) Gut 1986; 27, 1457-63.PubMed 3804021

Wu H. C, Sarko A. 1978. Podwójna spiralna struktura molekularna krystalicznej aamylozy. *Węglowodór. Res.* 61:7

www.cerestarhealthand nutrition.com.

Printed by Books on Demand GmbH, Norderstedt / Germany